超圖解手作衣裁縫課！
1000 張技巧詳解，簡單版型一點就通

# 好想自己
# 做衣服

# Lesson  5
# 讓細節更完美!裁縫小課堂

## Lesson ⑥
## 有型的大人味日常服

• 作品紙型所在頁面。請留意Item 10、12，因為紙型較長，礙於頁面關係，部分紙型有分割，被分割的紙型有紙型連接符號。

• 作品尺寸。如Free Size只提供一個尺寸紙型，若M、L則在紙型頁會有兩個尺寸紙型。

• 作品編號。

• 實穿情境圖頁面。

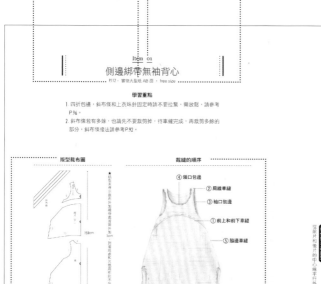

Item 01
側邊綁帶無袖背心
P112 · 實物大型紙 A面 · free size

學習重點
1. 四折包邊，斜布條和上衣珠針固定時請不要拉緊，需放鬆，請參考P.96。
2. 斜布條若有多餘，也請先不要裁剪掉，待車縫完成，再款剪多餘的部分，斜布條縫法請參考P.92。

版型裁布圖

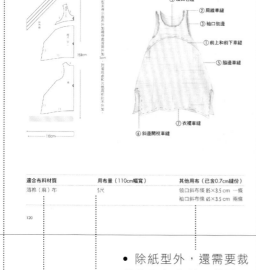

裁縫的順序
④ 領口包邊
② 肩線車縫
③ 袖口包邊
① 前上和前下車縫
⑤ 脇邊車縫
⑦ 衣襬車縫
⑥ 斜邊開衩車縫

| 適合布料材質 | 用布量（110cm幅寬） | 其他用布（已含0.7cm縫份） |
| --- | --- | --- |
| 薄棉（麻）布 | 5尺 | 領口斜布條 85×3.5 cm 一條<br>袖口斜布條 65×3.5 cm 兩條 |

120

如何縫製蓬蓬版型
從前片和後片的中心線平行外加往內深借1cm以內的微輻調整。

① — 前上和前下車縫

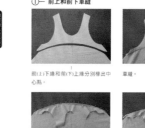

前(上)下緣和前(下)上緣分別燙出中心點。

車縫。

上下片正面對正面，中心點對齊珠針固定。

車布邊

121

• 除紙型外，還需要裁剪的用布名稱、數量、布紋及尺寸。

• 版型微修改的建議；部份作品若要修改紙型，異動考量點較多，則沒有提供此資訊。

• 作品的尺數用布量。

• 製作時可參考縫製流程。

• 適合的布料建議，可展現款式特色。

• 裁布圖資訊：1.作品有哪些紙型在紙型頁內。 2.除了紙型外，還有哪些用布也需要裁剪。3.每個紙型的裁剪數量和配置方向。 4.裁剪時需外加的縫份，若無標示者，請留意裁布圖側邊★的提示。 5.折疊排布的方式。 6.用布的幅寬。 7.作品的用布公分數量。

# 序

　　這是我的第七本手作書，回顧喜歡手作的緣起，記得還是小學生時，有一年的母親節，在媽媽的五斗櫃裡，偷偷放了一籃裝滿親手做的康乃馨花，希望上大夜班的媽媽回來打開就可以看見，讓她忘記一天的疲勞，媽媽看著籐籃淺淺微笑的神情至今我難以忘懷；小時候，媽媽幫我做衣服時，我一定會守在裁縫車旁，看著快要完成的洋裝，開心地手舞足蹈，從那時起，手作對我而言，就是只要用心做一件簡單的事情，就可以帶給家人大大的幸福，而現在這些幸福都成為我甜蜜的回憶。我一直相信手作是可以製造幸福的，尤其當你為家人縫製衣裳，製作時的期待，完成時的興奮，家人穿在身上時的喜悅，這些都是串起幸福的畫面。

　　大部分的人都覺得做衣服是件不容易的事，但我從手作的角度和你分享，淺顯易懂，不需要洋裁的理論基礎，書中從做衣服的最開始說起，布的材質，布如何配置，如何裁剪到縫製，技巧都很簡單，縫合也大都是直線車縫，全部是很基本但也是最重要的概念，我期待這本書能引領你愛上做衣服，你也會是一位製造幸福的人。

　　這本書從策畫到誕生將近一年的時間，策畫拍攝過程主編貝羚和攝影師正毅辛苦了，兩位台北台南往返多次；搭棚的九天感謝多位學生（佳鑫、晴姍、淑芳、圭妙、雅琴、淑女、淳方）的協助，還有擔負重責大任的麻豆Erene，雖是業餘但有超專業的精神，因為有你們的挺我協助我，才能在歡笑中順利完成這個最重要的工作，非常謝謝你們以及布田的每位學生。

　　以這本書和我三個永遠的寶貝—Tina，Ricky和Ian分享，希望你們都能找到喜歡做的事情，也能和別人分享你們喜愛的事情；謝謝Tina在工作之餘，替書中的作品畫了插畫；也謝謝我的先生—錫凱永遠無異議地支持我，我的家人我真的很愛你們。

　　　　這本書獻給我最愛的媽媽，感謝她為八個小孩辛苦的付出，
　　　　　　　願她身體健康以及給天上的爸爸。

　　　　　　　　　　　　　　　　　　　　　　　　　　　　吳玉真
　　　　　　　　　　　　　　　　　　　　　　　　　　　2017.6.13

Jewelry R.I.S.D.

Lesson
①

讓裁縫更上手的工具

# Ⅰ 裁縫工具

好的工具能提升工作效率，再加上正確的使用觀念，更能充分發揮工具的功用，以下介紹的都是縫製衣服時常會用到的工具，用對了就能讓裁縫更上手。

(線剪)

剪縫線的線頭。

(小剪刀)

適合剪小布塊
或剪牙口。

(紙剪)

剪紙型用。

(大剪刀)

剪大面積的布塊，刀鋒有鋸齒，具
有防逃功能。剪布專用剪刀，請勿
使用在其他非布類上。

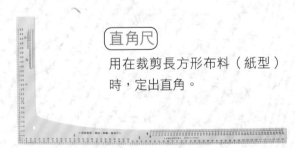

(直角尺)

用在裁剪長方形布料（紙型）
時，定出直角。

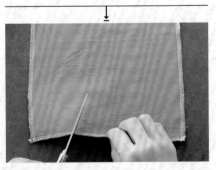

使用大剪刀，剪刀須貼住桌面，儘
量不騰空，一手緊跟隨抓住布料。

布鎮

有重量，繪製版型或裁布時，用來固定
物件，避免滑動。

強力夾

咬合力道強，有長短之分，縫製時可代
替珠針固定布料；折入縫份較大的作
品，可用長的強力夾。

粉土筆

需要削，為粉狀鉛筆。

水消筆

記號會隨著水氣或者時間消失。

細手縫針

選擇較細的縫針，手縫較省力。
手縫線：手縫專用的線，耐拉不易斷線。

三色自動細字粉土記號筆

可同時裝入三個顏色，免削，像自動鉛
筆般可填入筆芯，畫出線條較細，適合
用在厚質的布料，例如丹寧布，牛仔
布。

縫份圈

用來畫出紙型的外加縫份,有3mm、5mm、7mm、10mmn四種尺寸,製作衣服常用7mm和10mm,但紙型材質需要硬紙板會比較適合。

骨筆

用於推開縫份的倒向。

燙布

熨燙布料時,蓋在布上可防止布料受損,通常用於毛料或亞麻布上。

噴霧器

整燙時,噴水在布料上,水珠細小平均,讓布更容易平整。

(切割墊)

通常用在使用切割刀裁布時,需放在切割布的下方。

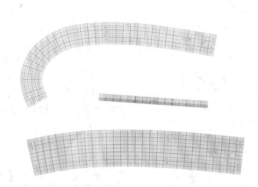

(曲尺)

適合曲線處,打版、畫紙型或紙型縫份外加時使用。

(方格尺)

適合用在外加縫份或者斜布條45度直線上。

(拆線刀)

拆除錯誤的車縫線或劃開釦眼用。

(拆線方法)

**1** 拆線刀前端可將拆除的線挑起,後端有刀鋒可劃斷線。

**2** 用錐子挑一段線。

**3** 手指頭撐開縫線,以利拆線刀清楚快速劃開。

**錐子**

車縫時可以推布或壓布，也可用來拆線、挑線用。

錐子可用來將細褶撥弄平均。

**切割刀**

有大小尺寸分，刀片可更換，用來裁切包邊斜布條，或規則直線大面積切割。

滾刀向前緩慢篤定滑動，勿橫向，另一手紮實壓住尺，勿來回滑動滾刀。

**軟尺**

適合用在量尺寸較短、起伏不大的曲線處。

軟尺可依著領口曲線量出領口的尺寸，適合短距離的測量。

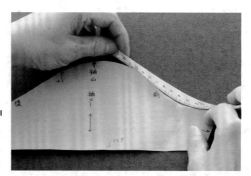

**捲尺**

適合用在量尺寸較長、曲線起伏大處。

捲尺可依著袖子起伏曲線，量出袖攏的尺寸，適合長距離起伏大的測量。

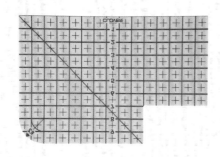

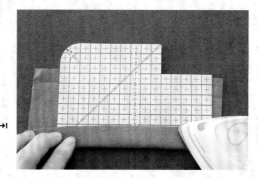

**縫份尺寸板**

用在折燙出裙襬、衣襬的縫份。

尺寸板為耐燙材質，板子上有1cm刻度，布邊依著刻度，便可快速燙出縫份，不需要畫線。

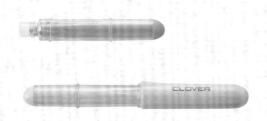

**滾輪式粉土記號筆**

適合用在毛料布上，粉末可填充。

滾輪式粉土筆適合用於畫記號線在毛料布上。

珠針

有長短軟硬之分，縫紉固定布料專
用，裁縫車針可經過，不會斷針。

how to use

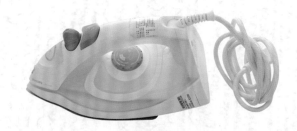

手指頭繃住布，珠針由布下方入，
上方出，再入下方。

這樣可避免珠針劃到手。

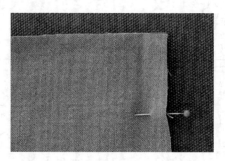

熨斗

整燙布料用，針對不同的布料，旋轉鈕
可提供不同的溫度調整。

熨斗上的旋轉鈕，可針對不同的布料材
質提供不同的熨燙溫度，例如：毛料布
適合中溫熨燙。（溫度建議參考P55）

A

B

穿繩器

前端圓形，可快速將鬆緊帶或棉繩綁帶穿入管道。

## how to use

↓

A

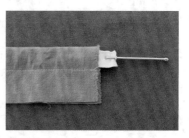

**1** 穿繩器前端爪子含住鬆緊帶，往爪子方向推緊鐵環，穿繩器就會緊緊抓住鬆緊帶。

**2** 一手將穿繩器往前送進入管道，另一手需協助往後推送布。

**3** 鬆緊帶拉出管道。

B

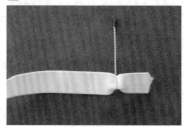

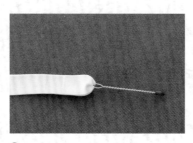

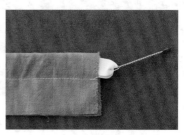

**1** 鬆緊帶套入穿繩器後端的孔。

**2** 鬆緊帶反折一小段，比較不易脫落。

**3** 將鬆緊帶拉出管道。

返裡器

用於將縫製的細長狀的布品，
翻至正面。

how to use

**1** 細長條的布條，可以用返裡器順利翻面。

**2** 返裡器穿進布條內。

**3** 前端鉤子勾在縫份車線上，較牢固不易鬆脫。

**4** 返裡器慢慢的往內拉，另一隻手需掐住布條往反方向推拉布條。

**5** 拉出布條。

**6** 整理。

(滾邊器)

用來快速製作四折包邊邊條，常用
有12mm、18mm、25mm三種，背後
有標示尺寸。

how to use

**1** 滾邊器18mm，布條3.5cm
寬。

**2** 布條前端微捲送進滾邊器入
口。

**3** 可用錐子協助布條前進。

**4** 出口出現布條時，用錐子慢
慢拉出。

**5** 再用熨斗一邊燙、一邊帶出
寬度為18mm的布條。

**6** 若包邊條沒有要馬上使用，
可以捲成捲狀用珠針固定收
納。

# II 縫紉機介紹

衣服首先著重於耐穿,所以有別於其他手作品可以用手縫,縫製衣服一定得使用縫紉機。縫紉機又分直線車型和多功能型,在縫製衣服方面,如經費有限,無法添購拷克機,大部分人都會選擇多功能型的縫紉機,除了基本的車縫直線外,還有很多針對縫製衣服的實用功能。

下面將介紹三種在做衣服時非常好用的功能。「開鈕眼」功能可以用來開鈕眼外,也可以製作抽繩綁帶的穿入孔;「簡易布邊繡」能代替拷克機,簡易包覆布邊;「月牙花樣繡」和其他花樣繡都可為衣款帶來獨一無二的特色。

### A 簡易布邊繡

製作衣服若沒有拷克機時,可以用多功能裁縫車的「簡易布邊繡」替代。

### B 月牙花樣繡

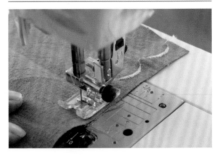

這個花樣可以應用在裙襬,繡完後,依著曲線把多餘的布邊剪掉,裙襬變得更浪漫。

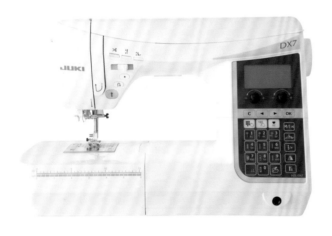

本書示範裁縫車機種為JUKI DX7型號

## C
# 開釦眼

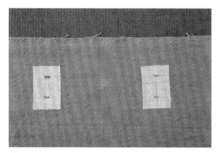

**1** 在布的背面開釦眼處燙上薄襯,增加耐用度,布的正面標釦眼記號。

**2** 裁縫車壓腳更換成開釦眼專用壓腳,用推拉方式調整壓腳後端釦盤尺寸,釦盤的尺寸就是要開釦眼的大小。

**3** 抬壓腳,布的正面朝上,放在釦眼壓腳下方,車針落在開釦眼位置的左側下方,請在裁縫車右邊的花樣功能選擇開釦眼的圖樣。

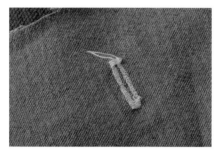

**4** 放下壓腳,啟動自動車縫按鍵,車縫出釦眼。

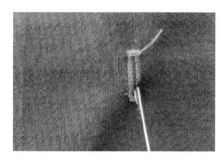

**5** 用拆線刀劃開釦眼。

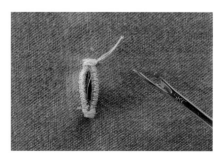

**6** 完成。

# Ⅲ 拷克機原來如此

喜歡做衣服的人都知道，做衣服一定會遇到的問題就是布邊的處理。衣服不像袋物有裡布，而且會常下水洗滌，如果布料邊沒有被包覆保護，就會日漸產生鬚邊導致衣服綻開，而拷克機的基本功能就是保護布邊。

相對於早期的「一針三線」，現在市面上針對手作族的拷克機都是「兩針四線」式，再搭配一些特殊壓腳，使拷克機多了縫製功能，不純粹侷限在布邊處理。

很多人對拷克機又愛又怕，怕的是複雜的穿線程序，其實只要熟練四針的穿線先後順序，就可以輕鬆地使用拷克機，享受手作衣服的樂趣。

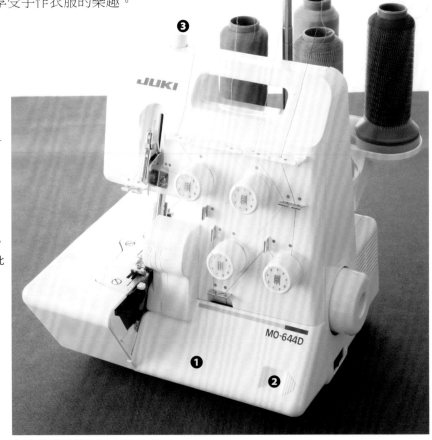

**A**

## 拷克機的構造

1.前蓋

2.前蓋開關凹槽

3.壓腳壓力調節旋鈕
若厚布料，壓力需要增加；
若薄布料，壓力需要減少。
出廠時已調整在預設值，此鈕鮮少需要調整。

本書示範拷克機機種為JUKI MO644D。
★若機型不同，構造操作略有差異，請以購買機型附贈的使用說明書為基準。

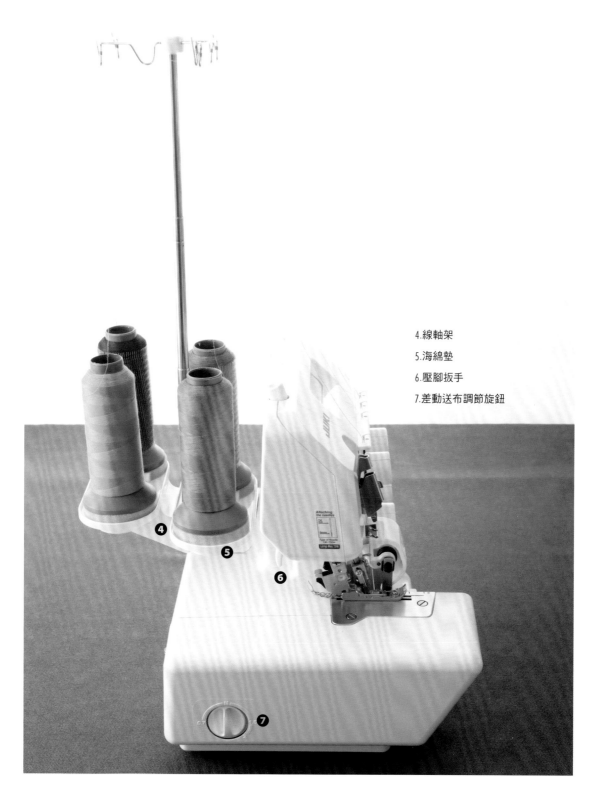

4.線軸架

5.海綿墊

6.壓腳扳手

7.差動送布調節旋鈕

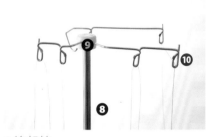

8.線架棒

9.線架帽

10.掛線架

15.電源開關

16.手動輪

17.插座

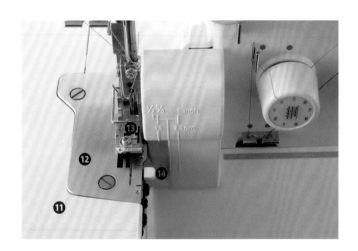

11.車縫平台

12.針板

13.壓腳

14.包邊寬幅調節桿

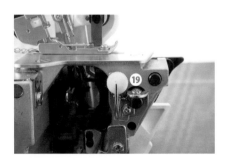

19.下裁刀調節旋鈕（須掀開側邊蓋）

18.針距調節旋鈕（須掀開側邊蓋）

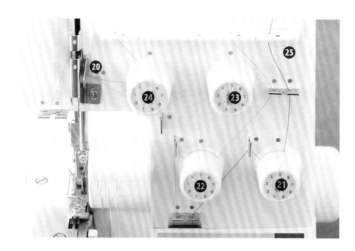

20.挑線桿護罩

21.下彎針線張力調節旋鈕

22.上彎針線張力調節旋鈕

23.右彎針線張力調節旋鈕

24.左彎針線張力調節旋鈕

25.穿線導引板

26.裁刀

27.穿線圖

28.左右縫針

## Ⓑ
# 拷克機有哪些配件

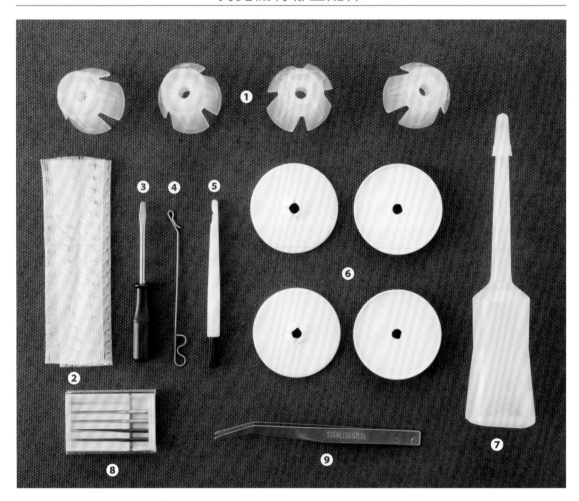

1. 線軸套：用來固定大顆線軸。
2. 線軸固定網：套在線軸外，讓車線的拉動更順，尤其使用伸縮尼龍線時一定要套固定網。
3. 小螺絲起子：換針時，旋轉螺絲用。
4. 彎針穿線器：穿下彎針線時需要使用它牽引線，可以解決在小空間內穿線的難題。
5. 清潔刷：後端毛刷可協助清除棉絮，前端小孔在換左右車針時，有固定遞針的功用。
6. 線軸蓋：用來固定小顆線軸。
7. 油壺：上油潤滑，保養拷克機。
8. 針盒：拷克機使用11號車針。
9. 鑷子：用來穿線時夾縫線用。

how to use

「線軸套」可固定大顆線軸。

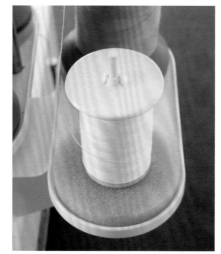

一般拷克機使用大顆車線,若使用小顆車線時,「線軸蓋」可固定小顆線軸,以免晃動。

「海綿墊」可降低震動。

使用伸縮尼龍線時,一定要用「固定網」套住,輔助拉線順暢。

布屑棉絮灰塵會影響拷克機的針趾漂亮與使用正常，所以固定做清潔保養是很重要的工作。

**1** 扳開蓋開關凹槽，往右推。

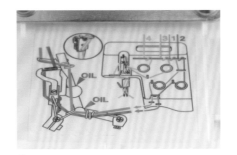

**3** 穿線圖上標示「OIL」處，用油壺滴少許油潤滑。

**2** 用清潔刷或吹球（大型文具店有販售）清潔棉絮。

彎針穿線器和鑷子

拷克機最難穿線的就是下彎針線，因為需要穿越針板，廠商為了解決大家的難題，特別設計了彎針穿線器這個好用的小幫手。

**1** 穿下彎針時，利用彎針穿線器牽引線，縫線即可輕鬆穿越針板下方。

**2** 鑷子是協助拷克機穿線工作非常重要的工具。

## C
# 穿線的順序

**1** 穿線順序先上彎針（藍），再穿下彎針（紅）。（參考穿針圖）

**2** 上下彎針穿完後，才能穿右針（綠），最後左針（橘）。（參考穿針圖）

**POINT**

使用當中若是下彎針斷線時，需先撤下右左針的線，重新穿下彎針的線之後，再穿回右左針的線。

---

> **穿線後先測試車縫**

每次穿線完，請先使用兩層布料測試。

1. 上下彎針，左右針的線張力都設為「4」。
2. 放下裁切刀。
3. 滑手動輪，針升至最高位置。
4. 抬起壓腳。
5. 將布料放在壓腳縫針下方。
6. 放下壓腳。
7. 開始車縫。
8. 車縫至布料的末端需繼續輕輕拉布料，離開壓腳，空車9~10cm。
9. 從空車的線圈中間剪掉，一半給布料，一半留在針板。

## Ⓓ
# 拷克機如何換線

拷克機最讓人害怕的工作就是穿線，當線沒有了，或者線需要換顏色的時候，其實不需要再重穿線，可以用接線的好方法，減少這個困擾的問題。

**1** 以上彎針車線換線為例，剪掉藍色車線。

**3** 白線和藍線互打結，結不能太大，打結線頭留長一點，預留打結後可以加強拉緊的空間。

**2** 線軸架的上彎針線（藍）位置放上新的白車線。

**4** 結拉緊後，留1cm線頭，其餘剪掉。

**5** 藍色線從上彎針線張力調節旋鈕
拉出。

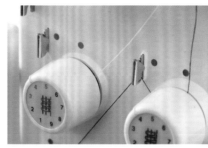

**7** 隨意一塊布慢慢試車，等待試
車布出現白色線時，即代表換線成
功，再將線繞進上彎針線張力調節
旋鈕內。

**POINT**

如果要換一個以上
的車線，建議一個
成功後，再換另一
個。

**6** 車線暫時不要經過旋轉鈕（因為
線結經過旋轉鈕時，張力關係有時候會斷
線）。

## E
# 更換車針（示範更換左針）

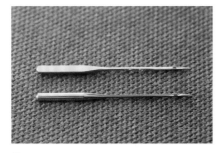

**1** 車針一面是平的，一面是凸的。

**4** 一手以螺絲起子鬆開左針的固定螺絲（L），另一手取下要更換的車針。

**2** 請先逆時針滑手動輪，使車針升至最高位置。

**5** 清潔刷的前端小孔放進新的車針，平的朝前面（遠離使用者）。

**3** 放下壓腳。

**6** 用手拿針不方便施作，而且有裁刀危險，用清潔刷輔助較安全。

**7** 將車針向上插入左針位置頂端。

**8** 起子鎖緊螺絲。

**9** 換完後,滑手動輪,測試車針是否可正常使用後,再穿線。

# Ⓕ
# 解除裁刀

裁刀功能就是將布料靠近切刀，裁切掉多餘的鬚邊，讓縫線和布邊之間更緊密，但有些時候（例如縫合或盲縫功能）不需要裁切功能，這時可以先將裁刀卸除。

**1** 滑手動輪（逆時針向使用者），使車針升至最高位置。

**3** 左手往右推桿子，右手往後轉動旋鈕。

**2** 再開啟前蓋。

**4** 轉動旋鈕，直到裁刀轉至頂端。

## G
## 各種調整鈕怎麼用

很多人買了拷克機後，都不知道如何去調整這些功能鈕，透過以下介紹，瞭解各種調整鈕的功能後，一定能幫助你日後的作品更完美。

### a.差動送布調節旋鈕

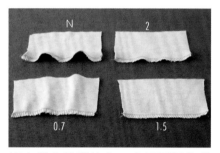

可調節前後送布齒的作動距離，使布料不被皺縮或拉伸。拷克機車縫布料時若形成波浪狀，就需要調整這個旋鈕，使車縫結果正常；不同的布料需設定不同的值。

拷克機車縫彈性布一定需要調整差動送布調節旋鈕，如圖，為彈性布在不同的設定值下車縫的結果，設定在1.5是最佳的。

### b.針距調節旋鈕

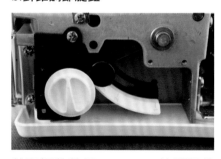

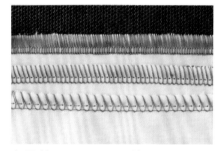

針距調整範圍1~4mm，轉鬆調節鈕，可上下移動改變針距，標準針距為2~3mm。

上圖針距1mm，下圖針距4mm。

### c.下裁刀調節旋鈕

當布料邊緣的縫線過鬆或過緊，先確定上下彎針線的張力是否正常，若上下彎針的張力正常，這時可以轉動下裁刀，調整裁切寬度，排除狀況。

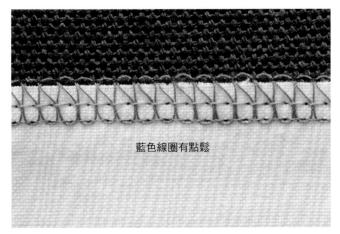

藍色線圈有點鬆

線圈鬆→增加裁切寬度，下裁刀調節旋鈕往前轉，OK如下圖。但若又往前轉太多的話，布邊會微捲。

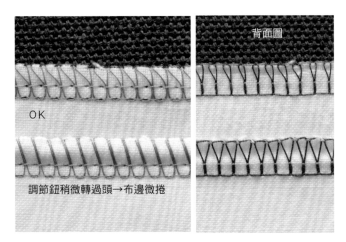

背面圖

OK

調節鈕稍微轉過頭→布邊微捲

線圈緊→減少裁切寬度，下裁刀調節旋鈕往後轉。

## d. 包邊寬幅調節桿

 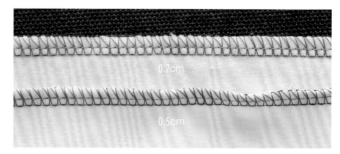

包邊寬幅調節桿可用來控制包邊的寬度，如果只想要包邊功能，則調節桿往後扳；如果想要布邊有捲邊（捲邊縫）的感覺，則調節桿往前（靠近操控者）扳。

包邊寬幅調節桿往後扳→縫線寬度約0.7cm，如圖上。
包邊寬幅調節桿往前扳→縫線寬度約0.5cm，布邊微捲包邊，如圖下。

## e. 線張力調節旋鈕

 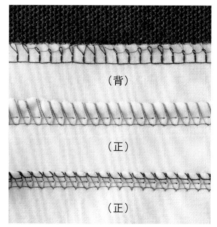

（背）

（正）

（正）

縫線不美觀，過鬆或過緊，就需要調整張力調節旋鈕，每一條線都有各自的調節旋鈕，標準值3~5，通常會設定在4，值越大線越緊。

上彎線（藍）過鬆。
解決方法→上彎針旋轉鈕增加值。

正常

上彎針（藍）過緊，因而把下彎的線拉至表面。
解決方法→上彎針旋轉鈕值減少。

## ⒣ 布料末端的布邊線如何收尾

**1** 留線圈大約5~6cm，用針孔較大的手縫針穿進，手縫針往後方穿入布邊的線圈內約3~4cm。

**2** 然後再出針，剪去多餘的線圈。

## ⒤ 拷克機的縫線如何拆

**1** 挑開四條縫線。

**3** 拉上下彎針線，往右邊拉。

**2** 拉左右針線，往左邊拉。

**4** 同時拉動四條線（這個動作需要多練習，左右手保持一定的節奏）。

## Ｊ
## 拷克機車直角的形狀

1 車到布料末端後，繼續輕拉布料離開壓腳再車出一段5~6cm線圈。

3 放下壓腳繼續車縫，完成後，中間過程的三個角會出現小線圈（因為拉離壓腳再拉回壓腳的關係）。

2 抬壓腳，將布再拉回，另一邊放在壓腳下方。

4 完成。

## Ⓚ 拷克機車外凸的形狀

**1** 緩慢啟動。

**4** 有時布料會有小起伏，可以抬壓腳順布，放下壓腳，再繼續車縫。

**2** 遇到「凸」的地方布要往左拉，否則會被裁切到。

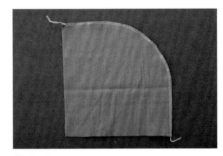

**5** 完成。

**3** 「凸」之後，就會遇到相對的「凹」，這時要將布往裁刀靠近。

## L 拷克機車內凹的形狀

**1** 布料需推往裁刀靠近。

**3** 緩慢車縫，如果布料有小起伏，可以抬壓腳順布，放下壓腳，再繼續車縫。

**2** 但另一手要輕拉住布角不要讓裁刀切到。

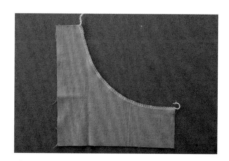

**4** 完成。

## Ⓜ 拷克機常用壓腳

本書除了介紹拷克機的一般使用。還想分享更進階的功能,使大家對它有更進一步的認識,絕對不只是純粹的車布邊而已。

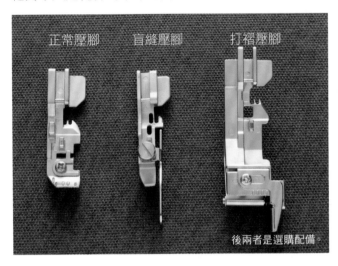

正常壓腳　　盲縫壓腳　　打褶壓腳

後兩者是選購配備。

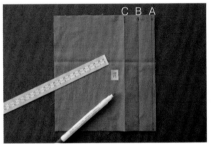

**1** 以衣襬縫份3cm為例,在布的背面離布邊0.5cm畫一道線(A),再2.5cm畫一道線(B),再2.5cm畫一道線(C),共三道線。

### a.盲縫壓腳

用在縫製衣服下襬時,正面不會看到車線,車線呈隱約點狀。

**設定值**

拷克機左針不用車線,針距調整成「4」,差動旋轉鈕設定「N」(一般布。若彈性布料調「1.5」),無裁刀,包邊寬幅調節桿往後推,使用台灣製50/2細車線。

**2** C線往A線折疊,形成三層,最下層多0.5cm。

C線若遠離擋板會車縫不到,布的正面會看到縫線。

C線超越擋板,布的正面會形成一小褶。

**3** 珠針固定三層布,珠針須遠離布邊。

**4** 使用盲縫壓腳,滑手動輪使針升到最高位置,壓腳抬高,將布送至針下方,布的C線在壓腳擋板內側沿著壓腳擋板送布。

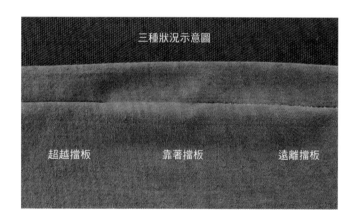

三種狀況示意圖

超越擋板　　　　　靠著擋板　　　　　遠離擋板

（b.打褶壓腳）

使用打褶壓腳縫製洋裝，將上衣和裙片同時縫合，裙片透過壓腳和手的推動，裙頭腰間出現細褶並同時縫合上衣片。

### 設定值

拷克機左針不用車線，有裁刀，針距正常，包邊寬幅調節桿往後推，差動旋轉鈕設定「2」，下彎針線張力調節鈕值「5~7」，使用台灣製50/2細車線。

**1** 更換打褶壓腳，壓腳有兩層，最下層（近針板）放要打褶的裙片，上層放上衣。

**3** 差動旋轉鈕設定「2」。

**2** 包邊寬幅調節桿往後推。

**4** 下彎針線張力調節鈕值「5」。

**5** 裙片離布邊1cm畫線，一側剪開
深度2~2.5cm。

**8** 上衣正面朝下，放進壓腳上層。

**6** 滑手動輪，使針升至最高位置，
壓腳抬高，手抬高打褶壓腳前端，
裙片正面朝上。

**9** 兩片正面對正面，放下壓腳。

**7** 將裙片放進壓腳最下方層（針板
上）。

**10** 先滑手動輪逆時針轉動幾圈，
讓布組順利車縫，再踩動拷克機。

**11** 右手微拉上片上衣，左手推下片裙片。

**13** 建議踩拷克機的速度不要太快。

**12** 左手推的節奏要規律。

**14** 若裙片有多餘可以剪去，完成。

**POINT**

使用打褶壓腳要多練習，建議裙片寬度尺寸可以比實際需要多一些。

**NOTE**

如果是購買原廠壓腳，都會附有完整詳細的使用說明書。

# N
# 更換壓腳

更換壓腳前，請記得先關閉電源。

**1** 壓腳扳手往上抬，滑手動輪（逆時針向使用者），使車針升至最高位置。

**3** 再抬壓腳扳手，此時壓腳可以抬得更高，壓腳便會自動脫離卸下。

**2** 按下壓腳更換鍵。

**4** 放進將要使用的壓腳。

**5** 如果高度不夠，另一手抬壓腳扳手不要放。

**7** 放下壓腳扳手後，即安裝完成。可以試著抬壓腳，如果沒有安裝好，請重複以上動作。

插銷

**6** 壓腳的插銷對準壓腳座的安裝溝槽。

✂

Lesson

②

適合製衣的布料與配件

認識布料材質

決定好要製作的衣款後，再來就是要選擇布料，怎樣的布料適合什麼樣的衣款？比方在炎炎夏日穿著，就適合挑選透氣的布料…，以下將介紹本書用到的幾款布料材質。

### 印花棉布

輕薄柔軟，100%棉成分，透氣，非常適合製作夏天衣物。

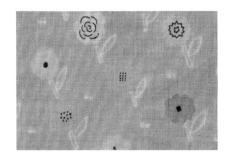 

### 棉麻布

含棉麻兩種成分，若麻成分多布則偏硬，兼具棉和麻的優點，是很受歡迎的材質。

## 單寧布

含棉成分，有厚薄之分，適合做硬挺有型的衣款，如襯衫、A字裙、褲子。

## 亞麻布

100%麻成分，有時布面上會有麻的天然結粒，較硬挺，透氣性佳，能呈現衣物的自然風格，適合製作較硬挺有型的衣款。

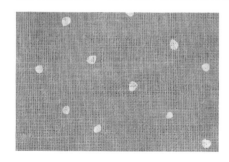

## 針織彈性布
具有彈性，可用來做休閒上衣、裙子。

## 羅紋布
具有彈性，通常用在休閒衣款的領口、袖口。

## 雙層紗
多層紗布交織而成，非常柔軟透氣，最適合製作小孩衣物；初學者要留意，製作時，布邊容易產生鬚邊。

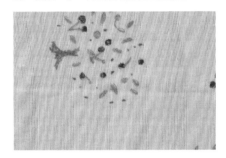

NOTE

### 布料選用與衣款
1. 麻成分高的布料製成的衣款自然感佳，能穿出大人味的森林系風格。
2. 不過含麻成分較高的布料質地也較硬，若是皮膚較敏感的人一開始可能會有微刺感，只要多洗幾次，就會越來越柔軟了。
3. 毛料布不適合做細褶處理的衣款，尤其對身材較圓潤的人。
4. 柔軟布料製成的衣款富有飄逸垂墜感，適合呈現浪漫的風格。

#  常用衣服配件

**寬版鬆緊帶**

有各種尺寸，彈性比細版鬆緊帶小，但緊度大。

**麻織帶**

適合和麻成分高的衣款搭配。

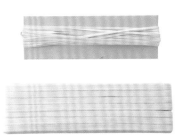

**細版鬆緊帶**

有不同尺寸，彈性比寬版鬆緊帶大，但緊度小；還有針對敏感肌膚、以及嬰兒專用的。

**織帶**

常應用在衣款綁帶上，棉織帶適合休閒衣款。

棉質　　　　　尼龍

**薄布襯**

有不同材質，如圖為棉質與尼龍成分。兩者僅成分不同，可達到的功能性是一樣的，端看個人的使用習慣選擇。

#  布料與車針關係

裁縫車針有粗細之分，每支車針都有號碼，就在針柄的圓弧面上，常用從No.9、No.11、No.14、No.16、No.18，數字越大，針越粗，相對的落在布上的針孔也越明顯。

縫製衣服常用的14和11號車針。

縫製衣服使用車線，台灣製車線和進口車線，價格差6~7倍，台灣製的價格便宜，隨個人喜好選擇皆可。只需注意不要將手縫線當車線使用，因為手縫線質地較粗硬。

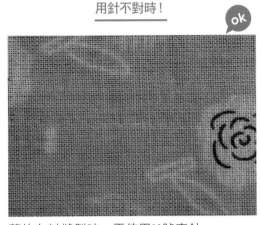

用針不對時！　ok

薄的布料縫製時，需使用11號車針。

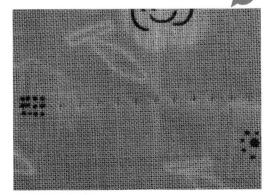

NG

薄布料若使用較粗的14號車針縫製，容易在布料上產生粗的針孔。

#  布料熨燙技巧

##  熨燙的基本

希望縫製過程成品能順暢漂亮，有時需要一邊縫製一邊熨燙，當作品完成時，更需要將整件衣服做最後的熨燙修飾，因此，認識不同布料在熨燙階段必須的溫度或者前置作業，也是一門重要的功課呢。

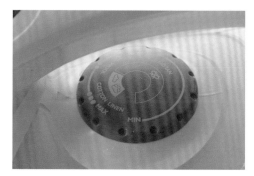

熨斗上的旋轉鈕，可針對不同的布料提供不同的熨燙溫度。

＊常用布料材質對應溫度建議

| | |
|---|---|
| 亞麻 | 高溫 |
| 棉 | 高溫 |
| 羊毛 | 中溫 |
| 人造絲 | 低溫 |
| 化纖 | 低溫 |

### 燙毛料布要注意！

1 熨燙毛料布時，可以先噴一點水。

2 再放上燙布，保護毛料的蓬度。

## B
## 若布邊不整該如何解決？

1 如圖，若布料不平整時…

4 繼續往直向拉。

2 先往另一個對角拉。

5 將布片整理到比較平整後再開始熨燙。

3 再往橫向拉。

# 量身（選擇適合的尺寸）

關於量身，在本書中不用繁複的洋裁量身法，這樣會讓很多人失去輕鬆做手作服的樂趣，其實就像在市面上買成衣的直覺，M尺寸的衣款適合大部份的人，同時很多市售衣款也都是Free Size，以這樣的概念，本書想要和大家分享的是簡單的量身方向，和微修改尺寸的方法，讓「好想自己做衣服」成為一件簡單又幸福的事情。

## 以現有衣服和紙型對照

畢竟不是人人都懂得如何量身，所以可直接拿一件常穿的衣服，和紙型比對領口、胸圍大小等等，即可大約知道適合自己的尺寸。

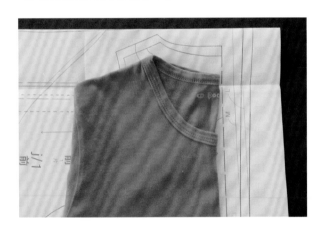

衣服尺寸參考表（JIS規格）（單位/cm）

|  | 胸圍 | 腰圍 | 臀圍 |
|---|---|---|---|
| M | 79~88 | 64~72 | 87~95 |
| L | 87~94 | 69~77 | 92~100 |

＊同樣身型的人，喜歡衣服的尺寸未必一樣，有的人喜歡領口低一點，有的則喜歡領口包一點，而寬鬆的衣服款式，則適合各種不同身型的人，所以本書有幾款衣服屬於寬鬆版，都是Free Size，書中也有局部修改的技巧解説，希望大家都能試試看。

＊書中部分衣款有分M和L尺寸，M尺寸適合大多數人，可依需求選擇。

＊作品中提供了「簡易改版型」的方法，和「作品可隨需求調整」的建議，都是針對想微幅調整且不影響其他版型的建議。

#  紙型描繪

書中密密麻麻的紙型線條，常常讓不少人卻步，掌握幾個原則，使用正確的描繪工具，就可以輕鬆快速描繪出正確的紙型。

## 1.先確認紙型是否含縫份

大部分手作衣服書的紙型都不含縫份，縫份要另外再加。

*本書版型不含縫份。

## 2.準備描繪工具

描繪紙型的工具：大張描圖紙、直尺、各式曲尺、布鎮、螢光筆、鉛筆。

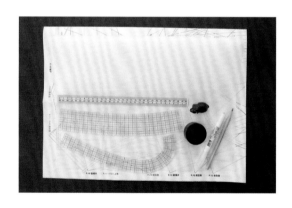

## 3.用螢光筆標出尺寸關鍵

密密麻麻的線條是描繪紙型時的一大障礙，可先用螢光筆把要的紙型線條描繪一次，這樣就能很清楚地分辨出紙型輪廓。

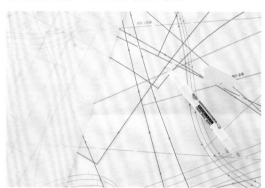

## 4.利用不同尺規描繪線條

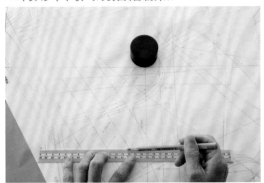

**1** 描圖紙放在紙型上（若描圖紙太小，可以用隱形膠帶黏成一大張），布鎮壓住，很清楚看見要描繪的線條，用直尺畫出直線部分。

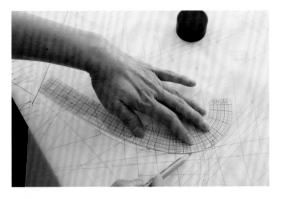

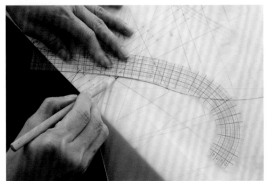

**3** 不同的曲度可用不同的曲尺。

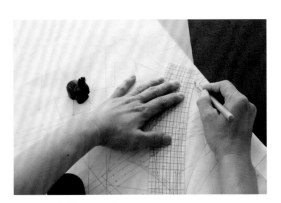

↓

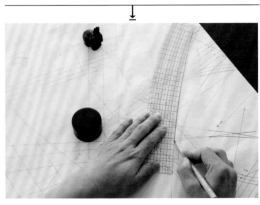

**2** 曲線的部分則用曲尺依著線條慢慢移動畫出。

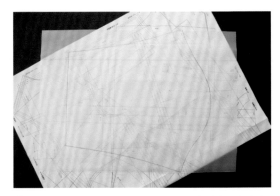

**4** 按照以上的方法，很輕易能快速描繪出紙型，縫製時所需的記號點也一併描繪下來，最後用剪刀剪下紙型，再依個人習慣謄到牛皮紙。

## 5.紙型上標註記號資訊

紙型寫上名稱、布紋、數量、其他尺寸（例如
包邊斜布條尺寸）、結合記號點等等。

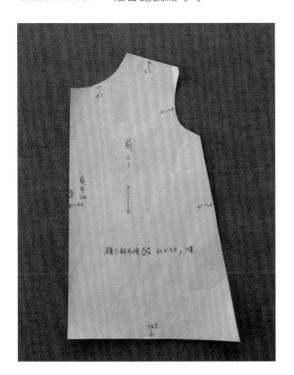

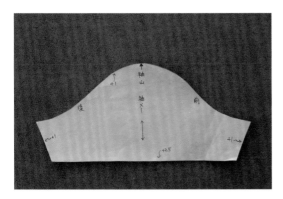

#  認識紙型上的符號

在紙型製圖上常能看到一些通用符號，讓人更容易了解縫製上要注意的點，以下是本書中使用到的記號。

 **直布紋**
箭頭方向需和布料的縱向（布邊）平行。

 **抽細褶**
標示拉細褶的範圍。

**釦眼**
標示開釦眼的位置。

 **中心線**
紙型左右對稱，可標示出中心線以1/2紙型呈現，裁剪時需將布做對摺，即可一次裁剪出完整的形狀。

 **打褶**
把布從斜線的高處往低處摺。

**結合記號點**
不同紙型在車縫時，需要縫合的位置點。

 **斜布紋**
表示紙型要和布的45度呈平行。

 同紙型連接邊

 同時車縫邊

#  紙型加上縫份

通常書中附錄的紙型都是不含縫份的,加上縫製的縫份再一併剪下的紙型,可以縮短畫布和裁剪布的時間。

## Ⓐ
## 縫份外加或不外加

描好的紙型在剪下來之前,也能依個人習慣先在紙型上畫出縫份,再一併剪下。

a.紙型外加縫份的優點:若同衣款製作很多件時,較節省時間。

b.紙型不外加縫份的優點:紙型是完成品實際尺寸,所以能直接用該紙型增減衣物的長度。

## Ⓑ
## 善用尺規工具畫縫份

各種方格直尺及曲尺,是能快速畫出縫份的好幫手,利用曲尺的不同弧度,能對應各種衣服版型的線條需求。

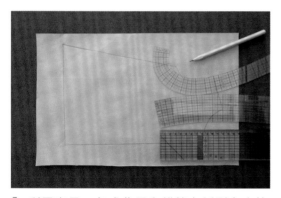

**1** 利用直尺,各式曲尺和鉛筆在紙型上直接外加縫份。

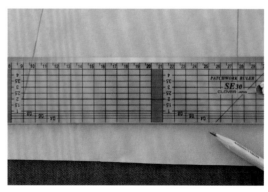

**2** 以衣襬縫份外加2cm為例,用方格直尺2cm的刻度線對著紙型的衣襬線,鉛筆依著尺的邊畫。

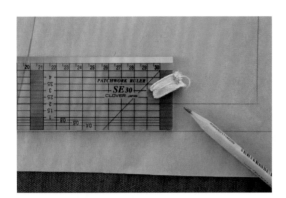

3 畫出外加2cm的縫份線。

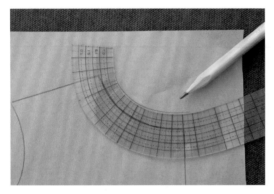

4 領口外加縫份1cm，找出曲尺適合紙型上的領口弧度，且尺上1cm的刻度對準領口曲線，順著弧度慢慢移動，鉛筆依著尺的邊畫。

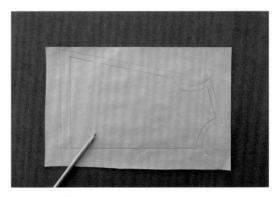

5 利用直尺和各式曲尺，即可輕鬆快速畫出紙型上外加縫份。

## POINT

在布料上外加縫份也是相同的方法，唯一差別是要用布專用的記號筆。

## 外加縫份的特殊做法

不管是「紙型已加上縫份」，或「紙型未含縫份，待畫在布料時再畫上縫份」，以上兩種情形畫縫份的方法和使用的工具（除了要用布專用記號筆）都一樣。直線的部分就用（方格）直尺外加縫份，曲線的部分就用各式曲尺。但遇到兩個特殊的外加縫份狀況時：「袖口內縮→縫份需外擴」、「衣襬外擴→縫份需內縮」，要特別留意作法。

| a.袖口內縮→縫份需外擴

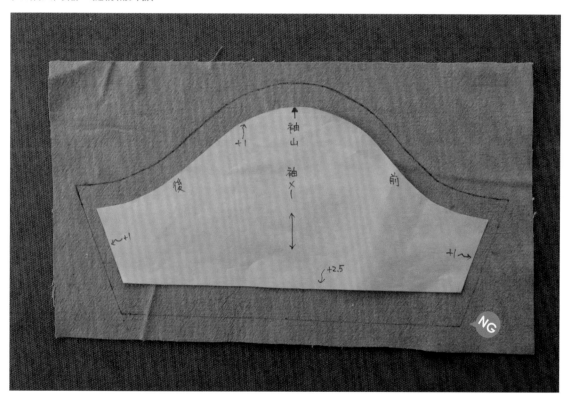

如圖將袖子的外加縫份畫在布上，因為袖口是內縮的，所以這樣縫份畫法是錯誤的，會發生袖口縫份往內折時，縫份部分長度太少！以下才是正確畫法。

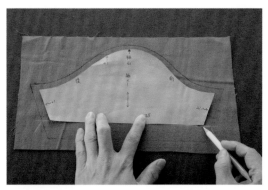

**1** 畫出未加縫份的袖口線。

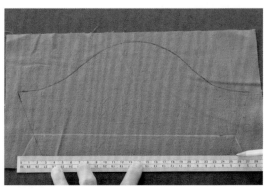

**4** 再畫出縫份水平線。

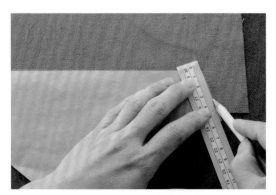

**2** 紙型垂直往下翻轉，利用紙型的斜邊，從袖口斜邊縫份線畫出往外擴的線。

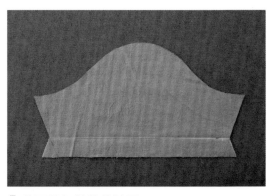

**5** 剪下外加縫份的袖子。

**3** 另一邊也是相同方法。

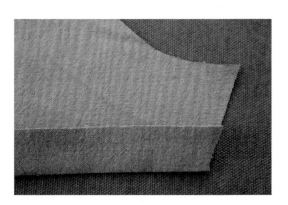

**6** 這樣縫份往內折，尺寸才會吻合。

## | b.衣襬外擴→縫份需內縮

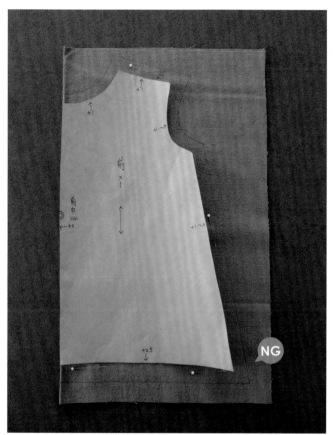

脇邊到衣襬的縫份是外擴直線，這樣縫份畫法是錯誤的，會發生衣襬縫份往內折時，縫份布尺寸太多！以下才是正確畫法。

**1** 畫出未加縫份的衣襬線。

**2** 紙型垂直往下翻轉，利用紙型的斜邊，從脇邊縫份線畫出往內縮的線。

**3** 正確的衣襬外擴的縫份外加。

**4** 剪下外加縫份的上衣。

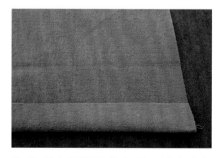

**5** 這樣衣襬縫份往內折，尺寸才會吻合。

**紙型如何放大與縮小**

衣服紙型的放大縮小是一個大學問，不像袋物可以透過影印放大縮小那麼簡單，這是因為身體有曲線，前一筆是多1cm，未必下一筆也是1cm。

本書所提到放大縮小的方法，僅限於微幅修改（寬度2cm以內，長度影響較不大），如果異動太多就需要考量更多地方，甚至需要重新打一個版型。若是初學者不妨先依照書中方法小修改版型，試著做看看會有很大的成就感喔。

## Ⓐ 上衣縮短2cm

| 從下襬修

在衣襬下方剪掉2cm。

| 從中間修

在衣襬中間剪掉2cm。

## Ⓑ 上衣一邊寬度減1cm

可以從中心線剪掉1cm（影響領口大小），也可從中間剪掉（影響肩線長度），或者從袖腋下剪掉（影響袖子大小）。

## C 上衣加長2cm

| 從中間加

以中心線長度的中間剪開，黏貼2cm紙條，剪齊兩邊。

| 從下襬加

**1** 在衣襬下方黏貼2cm紙條。

**2** 剪齊兩邊。

## D 上衣一邊加寬1cm

上衣加寬有四種方法：

a．如果是袖口太緊，直接將1cm寬紙條黏貼在脇邊。

b．如果是領口太緊，也可以1cm紙條黏貼在中心線。

c．如果肩線太小，可將1cm紙條黏貼在中間。

d．分別在中心線黏貼0.5cm紙條，脇邊黏貼0.5cm紙條。

| 袖口太緊，從脇邊加

**1** 脇邊黏貼1cm紙條。

**2** 將黏貼的紙張，順著袖口弧度修順。

| 肩線太小，從中間加

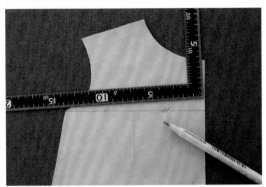

**1** 在衣身中間加寬，從中心線和袖腋下畫一條線，畫出這條線二等分中心點。

**4** 1cm紙條放在中間，黏貼。

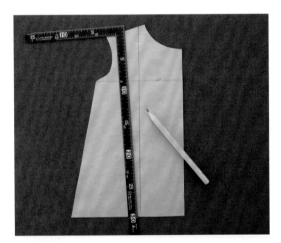

**2** 經過中心點畫一條垂直線。

**3** 剪開中心線，將紙型分成兩半。

**5** 剪齊上下。

**6** 紙型從衣身中間加寬1cm（此方法是肩線加寬）。

## POINT
### 加寬要留意的檢查點

以上衣加寬為例，前片加寬，後片也加寬。

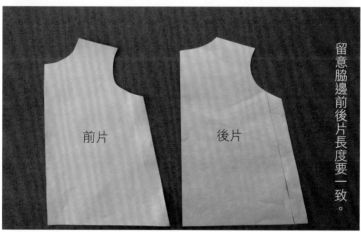

留意脇邊前後片長度要一致。

長度一致。

# Ⓔ
## 袖子加長2cm

| 從袖口加

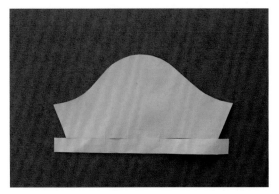

**1** 直接在袖口下方黏貼2cm紙條。

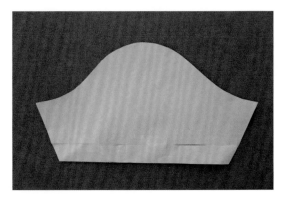

**2** 剪齊兩邊。

| 從中間加

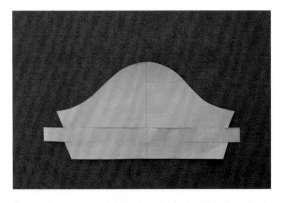

**1** 以袖子左右兩斜邊的長度中心點連成一條水平線，依著水平線剪開，黏貼2cm紙條。

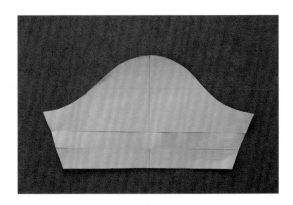

**2** 剪齊兩邊。

# Ｆ
# 袖子加寬2cm

| 從左右加

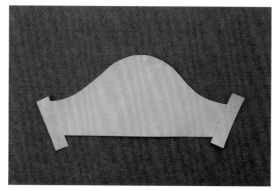

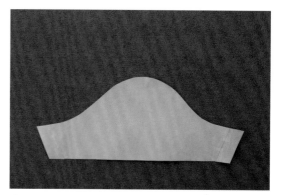

**1** 將1cm紙片黏貼在袖子的左右兩邊。

**2** 修順弧度，留意袖子左右兩斜邊長度一樣。

| 從中間加

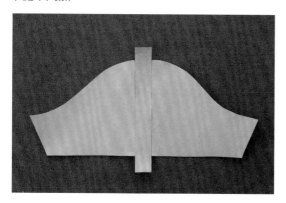

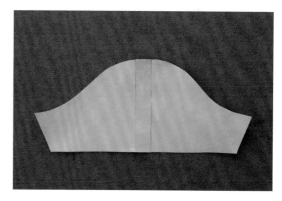

**1** 袖口水平線的中心點垂直往上畫一條線，依著線剪開，2cm紙條黏貼在中間。

**2** 剪齊上下。

## Ⓖ
# 褲子加長2cm

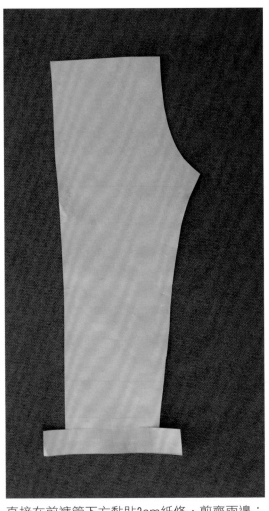

## Ⓗ
# 褲子一邊加寬1cm

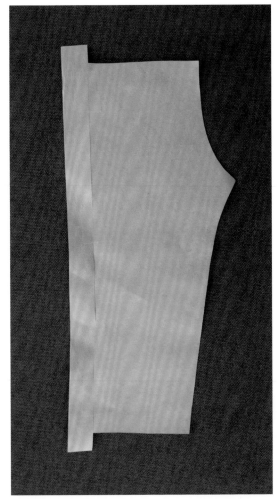

直接在前褲管下方黏貼2cm紙條,剪齊兩邊; 後褲管也以同樣方式加長。

褲的前片脇邊黏貼1cm紙條,後片也黏貼1cm 紙條;修齊,留意前後片脇邊長度一樣。

# ❶ A字裙加長2cm

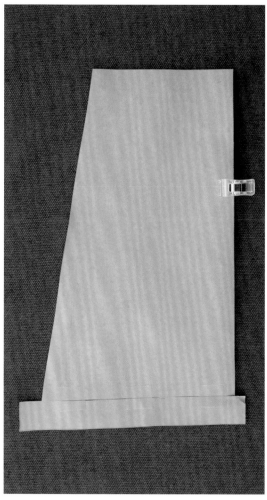

裙襬黏貼2cm紙條。

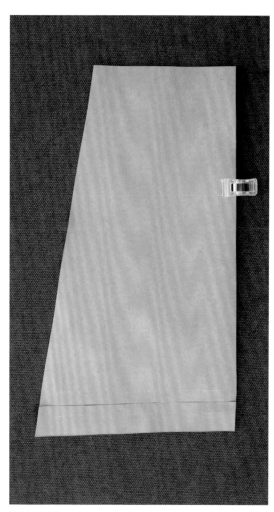

剪齊兩邊。

# J
## A字裙一邊加寬1cm

| 從脇邊加

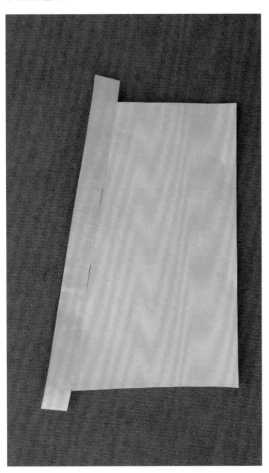

從側邊脇邊黏貼1cm紙條,兩端剪齊。

| 從中間加

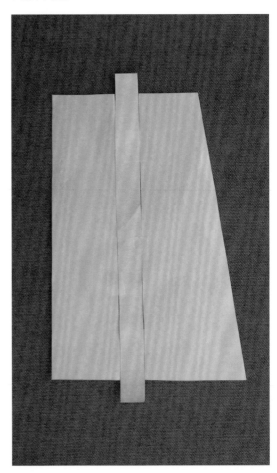

裙頭的中心點畫一條垂直線至裙擺,依著線剪開,黏貼1cm紙條,上下剪齊。

# Ⅰ 用布量計算

製作衣服裁剪布前，需準備足夠的布料，學會如何計算用布量是必要的課題。

## 計算方法

### 110cm幅寬

（10＝縫份，15＝縫份／單位：cm）

裙 →（裙長×2+10）÷30

褲 →（褲長×2+10）÷30

洋裝 →（洋長度×2+袖長+15）÷30

上衣 →（衣長×2+袖長+15）÷30

 裙長58cm →（58×2+10）÷30＝4.5尺

### 130～150cm幅寬

（10＝縫份，15＝縫份／單位：cm）

裙→（裙長+10）÷30

褲→（褲長+10）÷30

洋裝→（洋長度+袖長+15）÷30

上衣→（衣長+袖長+15）÷30

EX 裙長58cm →（58+10）÷30→2.5尺

---

NOTE

＊若擔心布料會縮水，裁剪布料時可以比計算的尺寸多0.5尺。

＊布料圖案有方向性或需對花，可以比計算的尺寸多0.5~1尺（大花樣）。

＊布料圖案需對格，可以比計算的尺寸多0.5~1尺（大格）。

＊毛料布有順毛逆毛之分，可以比計算的尺寸多0.5~1尺。

＊特殊寬的版型是特例，不在這個計算規則內。

POINT

寬幅布料通常價格較高，但用在製作衣服時，因為所需尺寸較少，製作費用有時會比使用110cm幅寬的布料少。

#  裁剪前用布處理

## 1.裁剪前先下水

若擔心布料會縮水,可在裁剪前先下水,但現在製作布料的技術已經很純熟,我個人覺得不太需要。

## 2.整燙

裁剪前,將布熨燙平整有助於裁剪尺寸的準確度。

#  裁剪時布料的折疊法

##  左右折

以布料摺疊的角度來說,布如有圖案方向性,布料只能做左右折疊。

將布料往右或左折,同時裁剪兩片袖子的布,有效率節省時間。

若將布上下對折同時裁剪兩片袖子,因為使用的布料圖案有方向性,這樣會有一片袖子的圖案是顛倒的。

##  背面相對

布做對折,布的正面朝上,適合條紋布或格紋布,因為需要對格、對線裁剪。

## C
# 上下折

素色布沒有圖案的方向性問題，所以將布料上下折，同時裁剪兩片袖子的布，有效率節省時間。

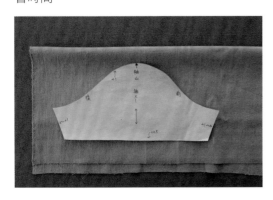

## D
# 無法對折的狀況

若布無法做對折（比方要取特定圖案、或對齊圖案），或者布料已不連續、沒有完整一大塊時，僅能做一片一片裁剪，這時要特別留意裁剪袖子或上衣前後、褲子前後…等非對稱形狀時，紙型需做水平翻轉。

例如：袖子紙型水平翻轉，才能裁剪出方向性正確的左袖、右袖。

## E
# 不適合折疊的布料

如果遇到有厚（蓬）度的布，像是牛仔布、丹寧布、毛料布等，或者有彈性的布，比方羅紋布、針織布，因為不容易摺出中心線，可以下面方法來畫版型。

棉麻布容易折出紙型上的中心線，毛料布比較困難。

棉麻布能折出紙型的中心線，可以節省畫布和裁剪時間。

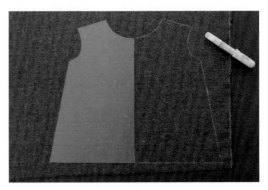

毛料布不適合摺疊裁布，所以在毛料布上描繪版型時，紙型需要水平翻轉，就能畫出完整的裁剪形狀。

#  紙型在布上如何配置

以紙型的角度來說，布如果有圖案方向性，紙型只能同一個方向擺放。

### A 布無圖案方向性

先確定布料有無圖案方向性。這是一開始畫布前，只要是有圖騰花樣的布，一定要先想到的問題。

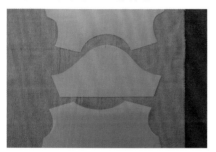

布沒有圖案方向性的問題，所以紙型可以不同方向擺放。

或者紙型可以錯位擺放，節省用布。

### B 布的圖案有方向性

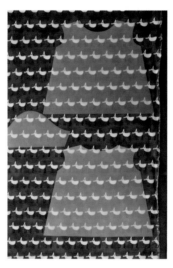

圖案有方向性，所以紙型都需以同一方向擺放。

紙型方向正確。

紙型方向錯誤。

---

NOTE

＊從布頭和布尾兩端開始配置，剩餘布留在中間。

＊從使用布料大面積的紙型開始配置到小面積的紙型，若需裁剪斜布條可放至最後，因為斜布條的長度可以接。

＊通常裁剪順序是衣身（上衣前後片、裙子、褲前後片）→袖子→領子→口袋→斜布條。

花樣布料排列技巧

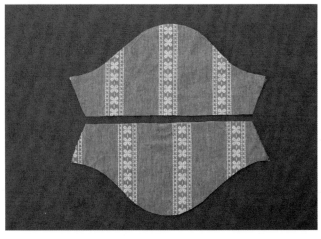

### A
### 有主圖案可配置在前衣的中間，或袖子的中間。

上片袖子把條紋圖騰放袖中間，看起來效果會比下片袖子更有質感。

### B
### 粗細格紋布料，粗格紋可配置在前衣的中間。

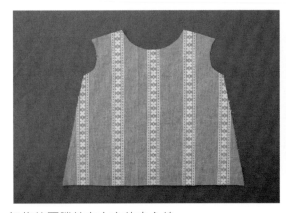 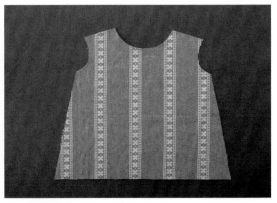

把條紋圖騰放在上衣的中心線。　　　　　　　條紋圖騰沒有在上衣的中心線，對稱視覺效果差很多。

## **C**

### 上衣若有左右片，選用布料是條紋時，要留意兩邊的條紋是否一致。

上衣左右片的條紋沒有對齊。

## **D**

### 條紋與格紋布只要改變布片配置方向，就能作出衣款的小設計。

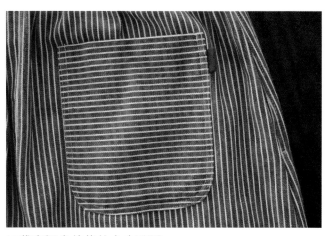

口袋和裙身的條紋方向不同。

# Ⅵ 裁剪方法

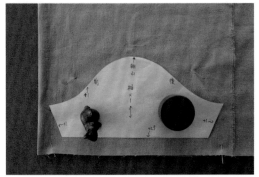

**1** 布折出所需的寬度，用珠針和布鎮將紙型固定在布上（若紙型不含縫份需記得預留縫份）。

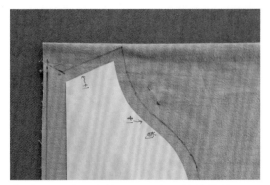

**4** 移開紙型，珠針還是固定，然後裁剪。

**2** 未含縫份的紙型，可用記號筆，直尺和各式曲尺等工具畫縫份

**5** 剪刀順便剪出製作時的結合記號點，深度約0.3~0.5cm。

**3** 縫製時所需的結合記號點也要一起標上。

## POINT

以上示範以單一紙型裁剪為例；實際製作衣物時，一定要將所有的紙型皆畫在布上後，才開始裁剪工作，這樣才能確保布的配置與布量是足夠正確的。

Lesson
⑤

讓細節更完美！
裁縫小課堂

# 01

洋裝裙片拉皺褶

＋

皺褶是製作衣服時常用的效果，裁縫車不需要更換特殊壓腳，就可輕鬆製造出皺褶。

1ˉ上衣和裙片都標出中心記號點，裁縫車針距調整至最大，裙片車兩道頭尾皆不回針且不能重疊的車線。

POINT
這兩道車線都要小於最後車縫的縫份。

2ˉ用珠針挑出且分離四條車線。

4ˉ重複動作，直到和上衣的一半同寬；另一半也是一樣的方法。

3ˉ一手拉同一面的兩條車線，另一手往後推皺褶。

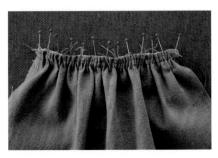

5ˉ確定裙片與上衣同寬後，調整平均皺褶，裙子和上衣正面對正面用珠針固定，車縫。

**02**

+

細褶寬度有學問

+

裙子拉皺褶的緊密程度，會讓衣服呈現不同的蓬鬆效果，一般以裙片寬度是上衣的2~2.5倍較常見，可依喜歡的款式來製作

裙子寬度是上衣寬度的2倍。

裙子寬度是上衣寬度的1.5倍，皺褶較少。

裙子寬度是上衣寬度的2.5倍。

裙子寬度是上衣寬度的3倍，皺褶多，屬於華麗洋裝型。

Note

細褶所在位置也會影響穿著的視覺效果。例如：洋裝腰間皺褶集中在中間，看起來比較有小腹，所以若希望有遮蓋效果，可以將皺褶分散在兩側；另外，袖攏皺褶若集中在中間，袖攏看起來較蓬。

**03**

＋

裙
子
抓
褶
要
考
慮
什
麼
？

＋

裙子（裙頭鬆緊帶）抓褶可增加浪漫感，但增減裙子寬度或褶子數時，要考量到臀部的尺寸，尤其是減少裙寬時，如果裙寬比臀圍小，會發生不易穿脫的現象。

在材質方面，毛料布不適合做太多細褶的衣款，因為毛料布屬於較蓬鬆的布料，如圖，很多細褶聚集易形成蓬鼓狀，穿著時易顯得身材圓潤。

**04**

＋

運
用
打
褶
變
化
衣
款

＋

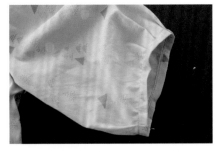

可在衣襬、袖口或褲管做打褶的小變化，增添衣款的豐富性。

**05**

＋

用剪刀做結合記號點要注意什麼？

＋

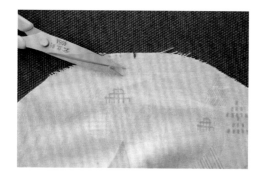

製作衣服時，用布專用記號筆做結合記號點，但因為記號筆容易消失，所以也可以用小剪刀剪一小刀當做記號。但記得剪出深度約縫份的一半，例如：縫份1cm，剪一刀的深度不要超過0.5cm。

**06**

＋

領口的包邊方法

＋

領口是一個弧形曲線，不像裙襬可以用二折邊或三折邊的方式收邊，所以必須準備另一塊斜布條或布片來包領口的布邊，大致分兩種方法：a.斜布條包邊、b.貼邊包邊。

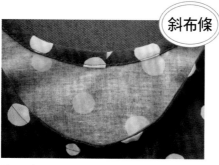

斜布條

適用在休閒感的衣款，比貼邊方法容易。

貼邊

適用在布料較薄、端莊的衣款，或領口屬於方領或V領。

＋ 為什麼領口、袖口需要用斜布條包邊？＋

1. 因為領口和袖口是有曲線弧度的，需要用有彈性的布去包布邊，這樣弧度曲線才會順，所以要使用斜的布條。

2. 包邊布條斜度為45度，取這個斜度，直紋和橫紋的彈性才會一樣。

 ＋ 如何計算斜布條的長度與寬度？ ＋

製作衣服時，所需的斜布條通常是用在領口和袖口包邊，此時可用捲尺或軟性尺（可彎曲）繞領口或袖口一圈，所得數字再加上重疊的縫份2cm，即是斜布條的長度。記得丈量時，尺要放鬆，斜布條寧可先多取一點長度。

至於斜布條的寬度，取決於是三折或四折包邊以及縫份多少。

三折包邊→ **縫份×3+0.5cm**
四折包邊→ **縫份×4+0.5cm**

**EX** 三折包邊縫份1cm → 1×3+0.5cm＝斜布條寬度3.5cm
四折包邊縫份1cm → 1×4+0.5cm＝斜布條寬度4.5cm
＊多加0.5cm是考量布的厚度，若是毛料布的話，需要加0.7~1cm。

**09**

快速裁出45度斜布條

不需要依賴專業的方格尺，只需要普通直尺就能畫出45度的斜布條。

**1ˉ** 整燙斜布條的用布。

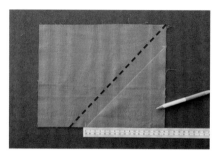

**3ˉ** 掀回正面，用記號筆畫出折痕，這條記號線就是45度。

**2ˉ** 將布的右下角往上折至和上緣布邊齊，折出斜邊，整燙斜邊。

**4ˉ** 以這條線為基準，往左右兩側即可畫出多條平行的斜布條。

＋

不耗布的斜布條接法

＋

一般裁剪斜布條時，因為需要45度，會非常耗布，這邊提供另一個方式；斜布條可以用接縫的方式得到縫製時需要的長度（裁剪尺寸時須考量接縫所需縫份）。

**1￣**裁剪2條以上的斜布條接縫。

**4￣**折痕為接縫的車縫線（請留意斜度的方向）。

**2￣**斜布條接縫端剪平。

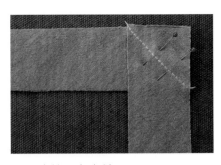

**5￣**用珠針固定車縫。

**3￣**兩條斜布條正面對正面，擺垂直狀。

**6￣**留縫份0.7cm其餘剪掉。

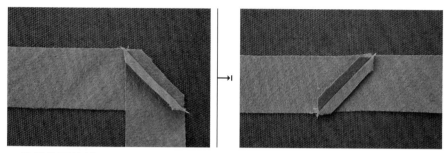

**7¯** 縫份往兩邊撥開。

**8¯** 即完成斜布條接縫。

斜布條三折包邊

三折包邊是最常見的包邊方法，如果是應用在領口，就必須使用斜布條進行包邊工作；從字面解釋就是布條折成三等份，斜布條全部在包覆物的後方。

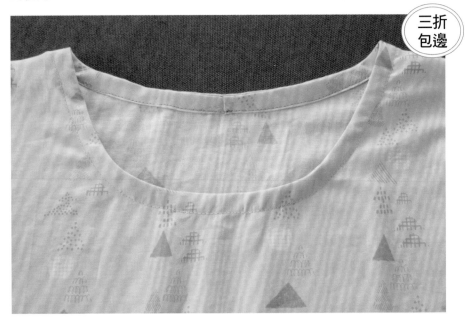

三折
包邊

比四折包邊方法容易。

1˜斜布條與布片正面對正面車縫。

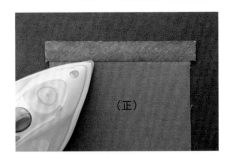

2˜布條往上翻，整燙。

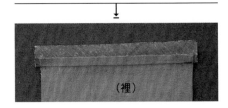

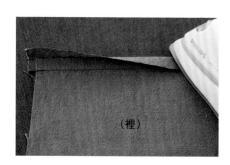

（裡）

**3**˜斜布條再往內折，布邊與車縫線
對齊整燙。

（裡）

**5**˜珠針固定整燙好的斜布條與布
片。

（裡）

**4**˜最後整個斜布條布片全部往內再
折入，整燙。以布片正面看不見斜
布條為準。

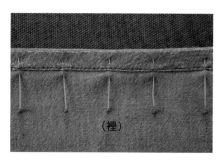

（裡）

**6**˜布片裡面朝上，離邊0.2cm車縫。
以上完成三折包邊，斜布條呈三等
份折。

# ⑫

＋

斜布條四折包邊

＋

有時為了強調衣物的邊緣，會用四折包邊，如果是應用在領口、袖口，就必須使用斜布條進行包邊工作；從字面解釋就是布條折成四等份，斜布條一半在包覆物的正面，一半在包覆物的背面。

四折

形成立體邊，縫製技巧較三折包邊難。

（正）

1ˉ斜布條與布片正面對正面車縫。

（裡）

2ˉ斜布條往上整燙。

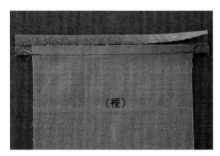

**3** 斜布條往內折，布條折入的布邊與布片布邊齊，整燙。

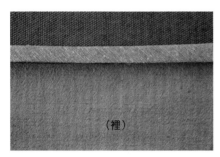

**4** 最後斜布條布片再往內折入，整燙。

## POINT

以斜布條折到超過車縫線0.1~0.2cm為最佳。

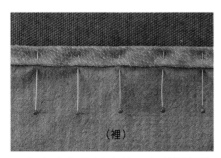

**5** 在布片背面以珠針固定整燙好的斜布條與布片。

**6** 布片正面朝上，在斜布條上離車縫線邊0.2cm車縫。完成四折包邊，斜布條呈四等份折。

如果沒有把握這個機縫步驟完美，也可以用下面的手縫步驟完成包邊工作。

手縫法

**1** 手縫針線從斜布條的裡入針，布條折邊上正面出針，以上為起針動作。

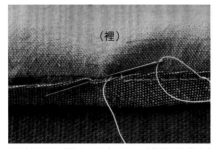

**2** 針再正對入至布片，然後以微斜的角度從斜布條的折邊出針，如此以斜針縫針法重複完成兩者的縫合工作。

**13**

衣襬、裙襬、褲管的二折邊與三折邊 ＋

衣襬、裙襬、褲管的收邊有分二折邊與三折邊，端看布料材質與衣服的款式。如果是厚布料則二折邊，如果是薄布料但想要衣襬輕盈感也可以用二折邊；但有些布料不厚不薄，想要呈現出衣款的做工細緻感則可以選用三折。

二折邊

二折邊需要先車布邊，然後往內折入。

三折邊

先往內折一小褶，再折一大褶。
另外也有完全三折邊：就是往內折的兩褶同寬度。

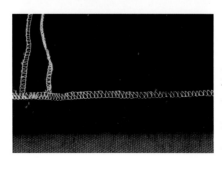

POINT

偏厚的布或毛料布適合二折邊，若是三折邊會太厚。

**⑭**

別珠針的順序？

＋

＋

縫製衣服時用布料通常較長、面積也較大，縫製過程中，別珠針是不能省略的工作，但往往會發生無法將兩個尺寸正確的布片穩合固定，其實別珠針是有技巧的，重點在於「順序」。

1⁻兩片布重疊，從頭尾端點別珠針，先固定兩片布。

3⁻在每一等分的中間別一枝。

2⁻再別中間（二等分）。

4⁻如此重複動作，就可以快速平均地別好珠針了。

**15**

＋

製作漂亮的弧形口袋

＋

弧形造型口袋能增添衣款活潑，但要如何既快又順暢地縫製出漂亮的口袋弧度呢？只需要利用普通的硬紙板就能很簡單地完成。

1ˉ用硬紙板做口袋紙型，剪一片比紙型四周都多1.5cm縫份的布。

3ˉ用熨斗整燙紙型邊緣，讓口袋形狀定型。

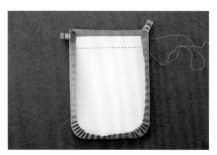

2ˉ手縫針線單線打結，離布邊0.3cm上下平針縫U型，終點針線不用打結。放入紙型，起點用強力夾固定，拉緊針線，將紙型包住，調整四周平均縫份，終點再用強力夾固定。

4ˉ取出紙板，因為紙板有厚度，為了口袋線條更漂亮，需再加強整燙一下，這樣弧形口袋就成形了。

**16**

＋

衣服的細吊帶製作

＋

吊帶是衣服款式中常會用到的配件，將布片內折兩次能做出完整度很漂亮的吊帶。

**1ˉ**吊帶用布兩長邊往內折。

**3ˉ**兩長邊車縫壓線縫份0.2cm。

**2ˉ**長邊再對折。

如何讓對折剪布更快速？

衣服的前後片是對稱圖形，在製圖時可用中心線標示，繪製出二分之一版型，所以裁剪時也可以將布對折，縮短裁布時間。

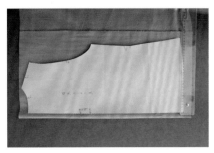

**1˜** 製作衣服時，版型若有標示中心線，裁剪布前可用布對折方法。首先量出紙型的最寬處（含縫份）。

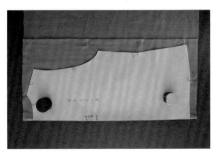

**3˜** 將折出的布用珠針固定邊緣，再將紙型放上，布鎮壓住。

**2˜** 依照得到的寬度尺寸折出需要的布。

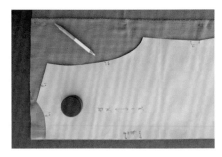

**4˜** 再來即可用記號筆、尺等工具畫出縫份裁剪線。

**18**

布襯燙失敗該怎麼處理？

當布襯燙歪了或燙得不漂亮，先別緊張，只要一個小動作就能輕鬆調整。

1⁻布襯若不小心摺疊燙失敗。

3⁻趁有熱度的狀態，就可輕易地撕掉布襯了。

2⁻千萬不要直接撕布襯，先用熨斗再整燙一下。

**⑲**

格（條）紋布如何對折剪布？

格紋布是製作衣服的經典用布，成品若能格紋對齊更是加分，格紋對齊的工作從畫布裁剪就需要留意，方法很簡單，整燙加上珠針固定即可。

條紋布

**1** 用布整燙。

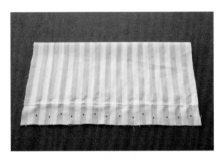

**3** 對齊條紋用珠針固定。

**2** 布對折。

## 格紋布

1⁻用布整燙，布對折。

3⁻另外三邊也是用珠針固定。

2⁻對齊格子用珠針固定，可以從中間先固定，再別兩側，比較不容易歪斜。

4⁻更多珠針固定。

**⑳**

＋

製作衣服針對哪些部位需加強車縫？

＋

自己縫製衣服的優點，就是可以針對車線較容易綻開的地方加強車縫。

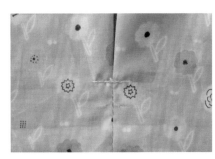
上衣抓褶處

口袋與脇邊接縫處

上衣脇邊開叉處

褲底胯下處

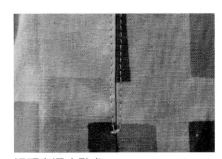
裙頭寬褶止點處

## 21

十

鬆緊帶如何加強？

十

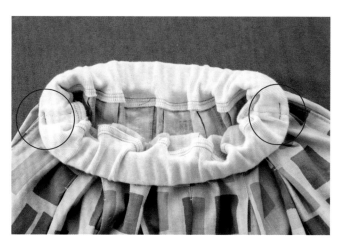

若想讓穿脫頻率高的鬆緊帶更牢固，如圖，接合處有兩種車縫方式可以加強。

## 22

十

鬆緊帶如何不翻滾？

十

在裙頭兩側的鬆緊帶穿入口，車縫一道長度約2cm的車線，可防止鬆緊帶翻滾。

**㉓**

拷克機可以使用一般的車線嗎？

可以用一般車線。但拷克機的完成線有三條線以上，若製作的布料比較輕薄會有負擔，這時會建議選用較細的車線。

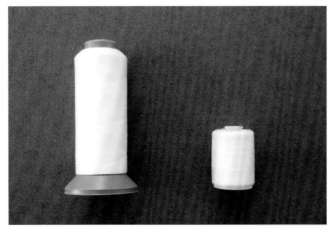

台灣的車線平常使用是40/2（右），可以購買50/2（左）的車線當作車布邊用。

**㉔**

拷克機車縫彈性布上下彎針一定要用伸縮尼龍線嗎？

若要製作有彈性的針織布料，拷克機的上下彎針就需要使用伸縮尼龍線，但因為伸縮尼龍線較不易穿線，就平時製作的經驗，如果使用的彈性布料，其布料彈性沒有很大，這時只要配合拷克機的差動鈕調整，縫製時也可不使用伸縮尼龍線。

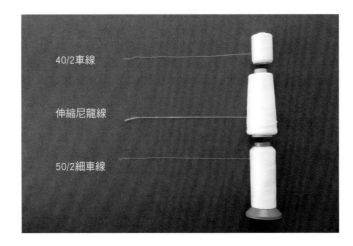

40/2車線

伸縮尼龍線

50/2細車線

**25** ＋ 製作衣服的布一定都需要車布邊嗎？ ＋

不是。

例如：領口是包邊處理就不需要車布邊，因為若車布邊，線會增加厚度，領口線條就不漂亮；衣襬如果做三折邊處理也不需車布邊。

**26** ＋ 使用拷克機前的檢查SOP？ ＋

拷克機穿線不易，所以使用前最好檢查掛線架方向是否正，線架棒上的四條車線是否纏繞，尤其是若許久未用拷克機，以上檢查更是必要工作。

**27**

＋

製作衣服時，沒有拷克機該如何處理布邊？

＋

如果有多功能裁縫車時，可以使用簡易刺繡布邊功能車縫在布邊；或者將所有衣服的用布裁剪完，送至坊間的服裝材料店，通常都會提供車布邊的服務。

**28**

製作衣服什麼情況需要車縫再車布邊？
什麼情況需先車布邊再車縫？

「車縫再車布邊」和「車布邊再車縫」兩者最大差異是，後者縫份可以推開各自倒向兩側。厚布材質會選擇後者，這樣可以平均厚度；薄布料通常選擇前者，衣服裡面縫份會顯得乾淨俐落，但是也有例外的時候！

遇到布料偏厚的或者毛料布，要將縫份撥開，才能平均厚度，所以先車布邊再車縫後，縫份可以倒向兩側。

薄布料製作的衣款，因為腰間有綁帶穿繩經過，需要將縫份撥開平均此處的厚度，這時雖然是薄布料，但因為有功能性的需求，還是要先車布邊再車縫。

**29**

＋

腰圍（手臂圍）鬆緊帶的量法與尺寸

＋

縫製衣服除了布料外，最常用的材料就是鬆緊帶，讓穿著更舒適，就要學會正確測量與計算。

用捲尺繞腰圍（手臂）一圈時，需留一根手指頭在內可移動的空間（以防過緊），「得到尺寸」×0.75~0.8（鬆緊帶彈性），再加上4cm鬆緊帶接合縫份。

 得到尺寸75cm，75×0.8=60+4=64cm-->鬆緊帶長度

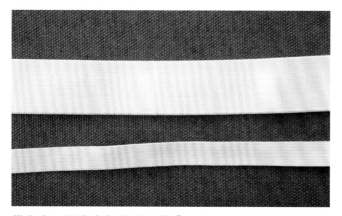

供參考，通常寬版的鬆緊帶「×0.8」，窄版的鬆緊帶因彈性較大，可「×0.7~0.8」；不過每個人對鬆緊帶的感覺需求不同，所以尺寸可多留一些，試穿後慢慢修改，得到覺得適合的尺寸，記得記錄下來，這樣以後就有參考依據了。

how to make p.120

## Item 01

# 01

側邊綁帶無袖背心

how to make P.126

## 蓬蓬袖棉麻薄上衣

# Item 03
## 小袖前領結造型上衣

how to make P.132

how to make P.140

# 04

## 折袖海軍領上衣

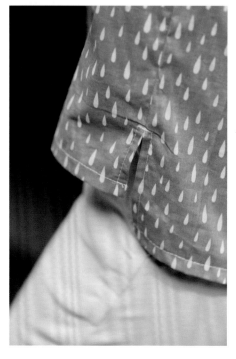

# Item 01

## 側邊綁帶無袖背心

P.112・ 實物大型紙 AB 面 ・ free size

### 學習重點

1. 四折包邊，斜布條和上衣珠針固定時請不要拉緊，需放鬆，請參考 P.96。

2. 斜布條若有多餘，也請先不要裁剪掉，待車縫完成，再裁剪多餘的部分，斜布條接法請參考P.92。

### 版型裁布圖

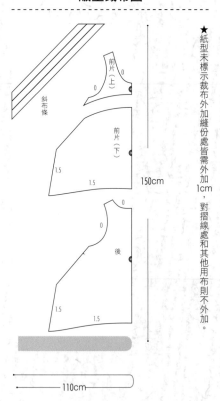

★紙型未標示裁布外加縫份處皆需外加1cm，對摺線處和其他用布則不外加。

### 裁縫的順序

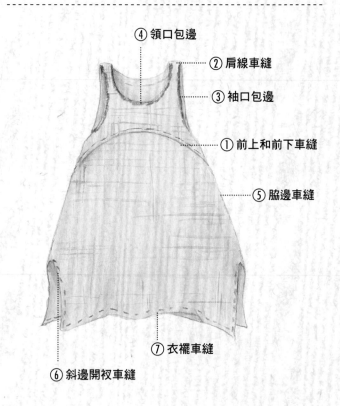

④ 領口包邊
② 肩線車縫
③ 袖口包邊
① 前上和前下車縫
⑤ 脇邊車縫
⑦ 衣襬車縫
⑥ 斜邊開衩車縫

| 適合布料材質 | 用布量（110cm幅寬） | 其他用布（已含0.7cm縫份） |
|---|---|---|
| 薄棉（麻）布 | 5尺 | 領口斜布條 85×3.5 cm 一條<br>袖口斜布條 65×3.5 cm 兩條 |

## ①— 前上和前下車縫

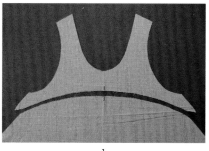

1

前(上)下緣和前(下)上緣分別標出中心點。

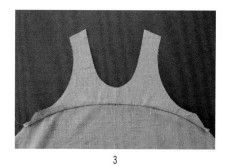

3

車縫。

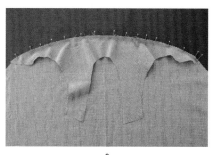

2

上下片正面對正面,中心點對齊珠針固定。

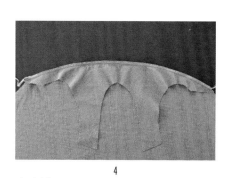

4

車布邊

121

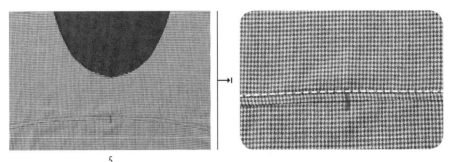

5

縫份倒向前上，車縫壓線在前上(縫份0.3cm)。

## ② — 肩線車縫

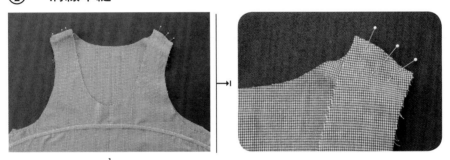

1

前後片正面對正面，珠針固定肩線。

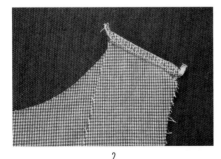

2

車縫，再車布邊。

## ③ — 袖口包邊

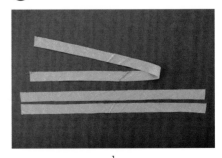

1

依照其他用布指示裁剪領口和袖口斜布條。

2

袖口斜布條和袖口正面對正面用珠
針固定,車縫縫份0.7cm;另一邊袖
口也是。

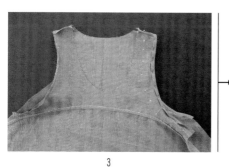

3

參考P.96四折包邊方法,將斜布條往
裡折,在背面用珠針固定。

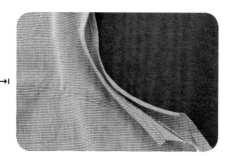

4

用四折包邊方法在正面車縫壓線兩
邊的袖口包邊。

## ④— 領口包邊

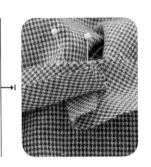

1

從上衣領口後中心開始，領口斜布
條起點先往內折1cm和後領口正面
對正面，用珠針固定領口一圈，最
後斜布條蓋住起點重疊1cm。

2

車縫縫份0.7cm，參考P.96四折包邊
方法，完成領口包邊。

↓

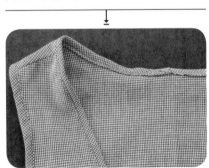

## ⑤— 脇邊車縫

1

前後片正面對正面，珠針固定兩脇
邊至脇邊止縫點。

2

車縫兩脇邊，並車布邊。

↓

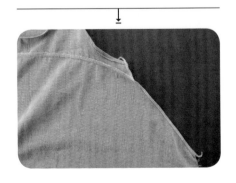

## ⑥— 脅邊開衩車縫

1

往裡折兩次0.7cm，到脅邊交界處會
無法折0.7cm兩折，若是這樣沒有關
係，此處0.5cm兩折也可以，只要布
順即可，珠針固定。

2

離布邊0.2cm車縫壓線。

## ⑦— 衣襬車縫

1

衣襬往裡折兩次0.7cm，珠針固定。

2

離布邊0.2cm車縫壓線，即完成。

# Item 02
# 蓬蓬袖棉麻薄上衣

P.114 ・ 型紙 ABC 面・free size

## 學習重點

1.領口三折包邊，方法請參考P94。

2.袖口車褶，簡單的車褶方法讓袖子更有型。

版型裁布圖　　　　　　　　裁縫的順序

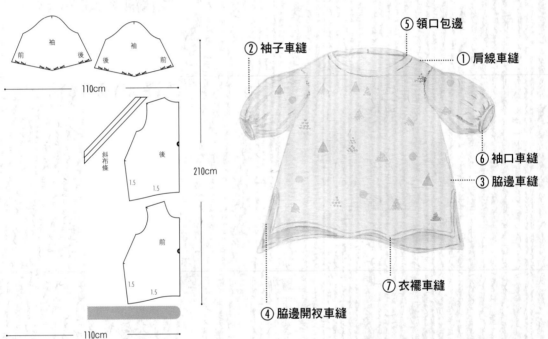

版型裁布圖：

袖　袖
前　後　後　前
110cm

斜布條

後
1.5　1.5
前
1.5　1.5
110cm
210cm

裁縫的順序：

② 袖子車縫
⑤ 領口包邊
① 肩線車縫
⑥ 袖口車縫
③ 脇邊車縫
⑦ 衣襬車縫
④ 脇邊開衩車縫

★紙型未標示裁布外加縫份處皆需外加1cm，
對摺線處和其他用布則不外加。

| 適合布料材質 | 用布量（110cm幅寬） | 其他用布（已含1cm縫份） |
| --- | --- | --- |
| 薄棉（麻）布 | 7尺 | 領口斜布條 65×3.5 cm 一條 |

① ― 肩線車縫

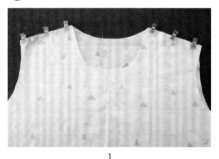

1
前後片正面對正面，強力夾固定肩線。

2
車縫肩線，再車布邊。

② ― 袖子車縫

1
袖口正面依版型標示出車褶的位置。

2
褶用珠針固定。

如何簡易改版型
從前片和後片的中心線平行外加或內減做1cm以內的微幅調整。

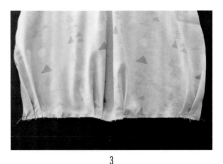

3

車縫褶（縫份0.7cm）。

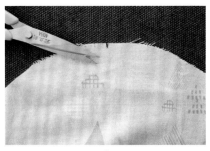

4

用小剪刀剪出袖山位置（深度0.5cm）。

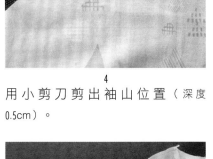

5

先確認袖子的前後正確方向，再用珠針和上衣正面對正面固定。

↓

袖山與上衣肩線對齊

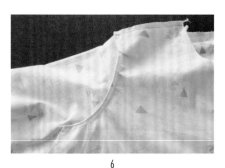

6

車縫，再車布邊

### ③— 脇邊車縫

1

前後片正面對正面，從袖口到脇邊止縫點用珠針固定。

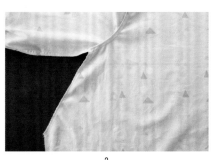

2

車縫，再車布邊。

↓

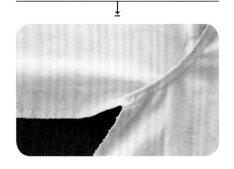

## ④— 脇邊開衩車縫

1

往裡折兩次0.7cm，到脇邊交界處會
無法折0.7cm兩折，若是這樣沒有關
係，此處0.5cm兩折也可以，只要布
順即可，珠針固定。

 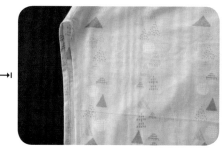

2

離布邊0.2cm車縫。

## ⑤— 領口包邊

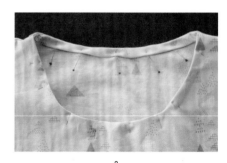

1

從上衣領口後中心開始，領口斜布
條起點先往內折1cm和後領口正面
對正面，用珠針固定領口一圈，最
後結束時要蓋住起點重疊1cm。

3

整理縫份，整燙，斜布條往內折再
折，用珠針固定。

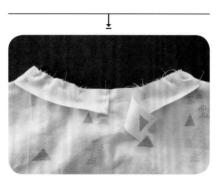

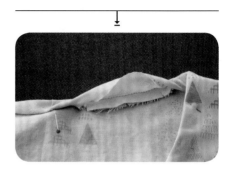

2

車縫縫份1cm，領口弧處適度剪牙
口。

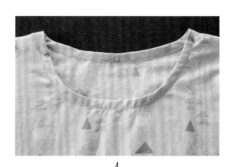

4

參考P.94三折包邊方法，完成領口包
邊。

## ⑥— 袖口車縫

1

袖口車布邊一圈。

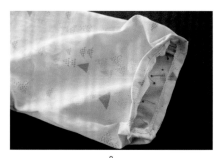

2

往內折1cm，用珠針固定。

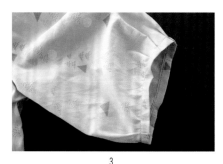

3

離布邊線0.3cm車縫袖口一圈。

## ⑦— 衣襬車縫

1

衣襬往裡折兩次0.7cm，珠針固定。

2

離布邊0.2cm車縫，完成。

# 小袖前領結造型上衣

P.116 · 型紙 A B面 · free size

## 學習重點

· 領口貼邊方法，記得車縫袖子前先製作領口貼邊會比較容易。

### 版型裁布圖

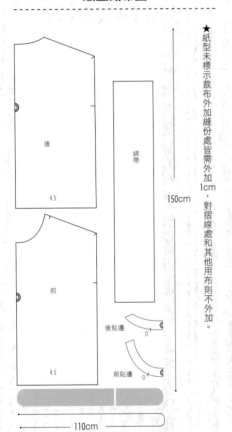

★紙型未標示裁布外加縫份處皆需外加1cm，對摺線處和其他用布則不外加。

後
4.5

前
4.5

綁帶

150cm

後貼邊
0

前貼邊
0

110cm

### 裁縫的順序

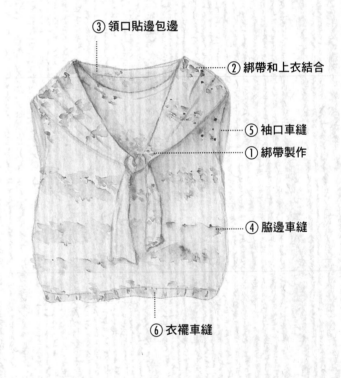

③ 領口貼邊包邊

② 綁帶和上衣結合

⑤ 袖口車縫

① 綁帶製作

④ 脇邊車縫

⑥ 衣襬車縫

| 適合布料材質 | 用布量（110cm幅寬） | 其他用布（已含縫份） |
|---|---|---|
| 薄棉（麻）布 | 5尺 | 領綁帶布 20×75 ↕cm 兩片<br>鬆緊帶 3cm寬×105 cm 一條<br>*本作品可隨需求調整：綁帶寬度與長度。 |

從前片和後片的中心線平行外加或內減做1cm以內的微幅調整，記得前後領口貼邊布中心線也要隨著增減喔！

如何簡易改版型

## ①— 綁帶製作

1

綁帶兩長邊和一短邊都往內折兩次0.7cm，整燙。

↓

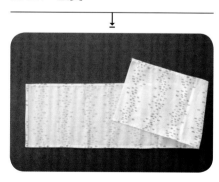

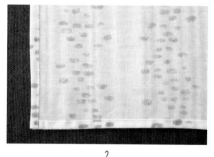

2

三邊都離邊0.2cm車縫壓線。

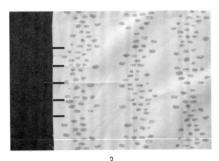

3

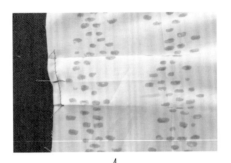

4

沒有壓線的短邊，在正面標註中心記號點，並且分別往左右標註距離3cm的記號點兩點。

兩點往外邊重疊，縫份0.7cm車縫固定。

## ②— 綁帶和上衣結合

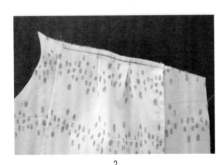

3cm

1

3

綁帶正面朝上，打褶邊放在肩線離前片正面領口3cm，強力夾固定兩者，另一條綁帶也同樣固定。

上衣前後片正面對正面，強力夾固定兩者肩線。

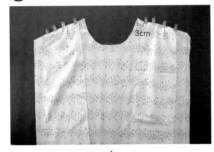

2

縫份0.7cm車縫固定

4

車縫肩線並車布邊。

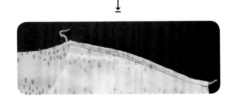

## ③— 領口貼邊包邊

1

前後領口的貼邊布下緣車布邊。

4

上衣領口和貼邊布組正面對正面，肩線的縫份不同倒向錯開，強力夾固定兩者一圈。

↓

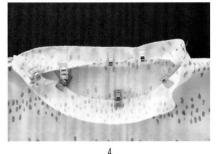

2

兩片貼邊布正面對正面，強力夾固定肩線。

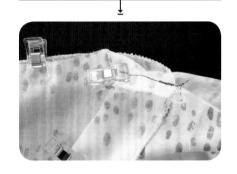

3

車縫肩線。

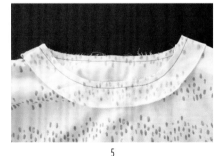

5

車縫領口一圈，並且在弧處剪牙口。

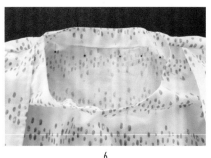

6

整理縫份，貼邊布往上衣內折入，順貼邊布下緣用珠針和上衣固定一圈，上衣可以做攤平會比較好縫製。

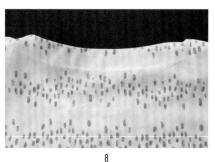

8

綁帶撇向上衣前片，再車縫後領口，即完成領口貼邊工作。

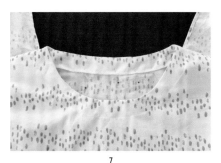

7

貼邊布朝上，離貼邊布緣0.3cm，車縫一圈，因為有綁帶在中間的關係，所以前後領口要分段車縫，先車縫前領口。

↓

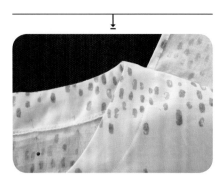

④— **脇邊車縫**

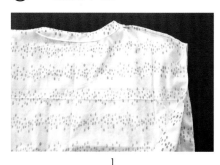

1

脇邊先各自車布邊。

↓

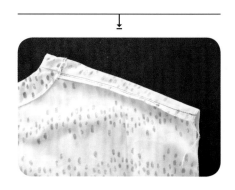

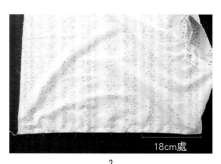

2

依紙型標註18cm做為袖口位置，
18cm以下將前後片的脇邊正面對正
面，用珠針固定至下襬。

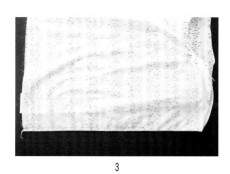

3

車縫脇邊。

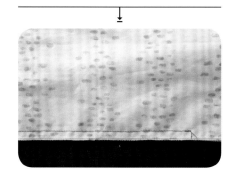

⑤— **袖口車縫**

1

袖口往內折1cm，用強力夾固定。

2

離布邊線0.2cm車縫一圈。

## ⑥— 衣襬車縫

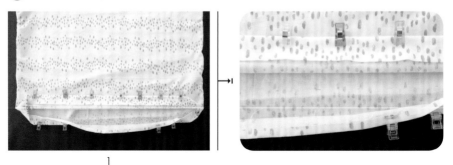

1

衣襬往裡先折0.5cm一褶、再4cm一褶，強力夾固定，整燙。

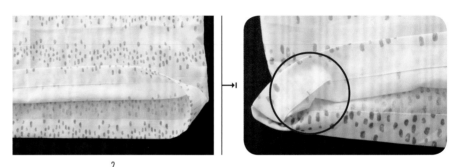

2

離褶邊0.2cm車縫一圈，但留3cm鬆緊帶穿入口不車。

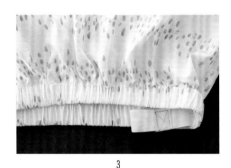

3

穿入鬆緊帶,確認鬆緊帶有無翻
滾,頭尾重疊車合。(穿繩器使用方法
請參考P.17)

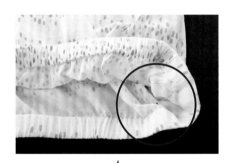

4

穿入口用珠針固定。

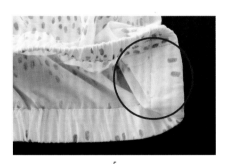

5

離褶邊0.2cm車縫穿入口,即完成。

# 折袖海軍領上衣

P.118 · 型紙 BCD 面 · free size

**學習重點**

1.領子製作與三折包邊，參考P.94。

2.前衣襬車褶。

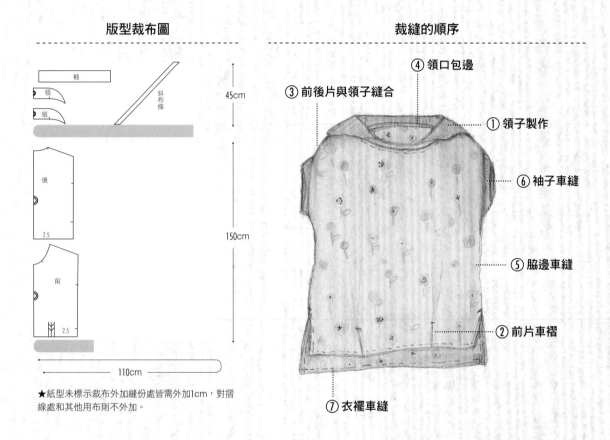

| 版型裁布圖 | 裁縫的順序 |

④ 領口包邊
③ 前後片與領子縫合
① 領子製作
⑥ 袖子車縫
⑤ 脇邊車縫
② 前片車褶
⑦ 衣襬車縫

袖
領
領
斜布條
45cm
後
2.5
150cm
前
2.5
110cm

★紙型未標示裁布外加縫份處皆需外加1cm，對摺線處和其他用布則不外加。

| 適合布料材質 | 用布量（110cm幅寬） | 其他用布（已含1cm縫份） |
|---|---|---|
| 薄棉（麻）布 | 上衣：5尺<br>別布（袖口、領子、領口斜布條）：1.5尺 | 領口斜布條 65×3.5 cm 一條<br>袖口布　42.5×10.5↕cm兩片 |

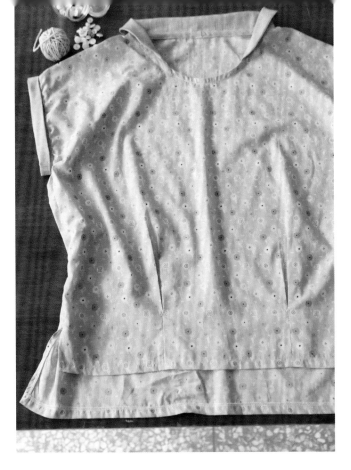

## ①— 領子製作

**如何簡易改版型**

從前片和後片的中心線平行外加或內減做1cm以內的微幅調整，記得領子中心線也要跟著調整。

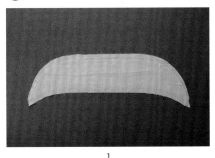

1

兩片領子用布正面對正面。

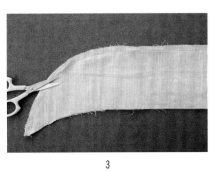

3

弧處剪牙口。

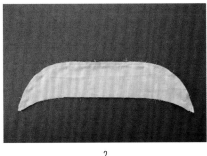

2

珠針固定領子外緣，車縫，內緣不車。

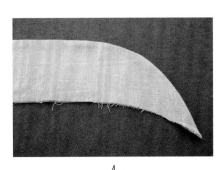

4

翻至正面整燙。

## ②— 前片車褶

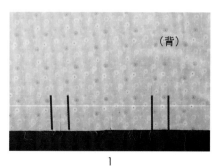

1
在前片的背面依紙型標註下襬褶記
號位置。

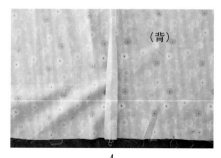

4
褶子平均左右壓扁。

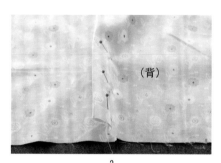

2
左右兩條線重疊，珠針固定。

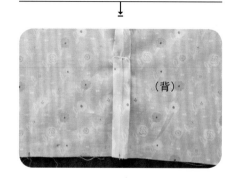

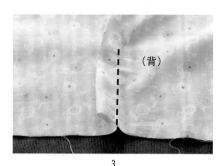

3
依照記號線車縫。

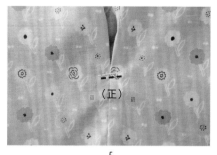

5
翻至正面，在褶子上端車一道固定
加強縫線；另一邊也是相同方法車
褶。

## ③— 上衣前後片與領子縫合

1

上衣前後片正面對正面，強力夾固
定肩線。

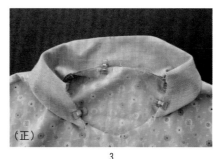

（正）

3

上衣前片領口標註領子的結合記號
點，後片和領子都分別標註中心記
號點，點對點用強力夾固定領子和
上衣。

2

車縫肩線，並車布邊。

4

縫份0.7cm車縫固定領子和上衣。

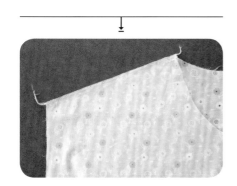

## ④— 領口包邊

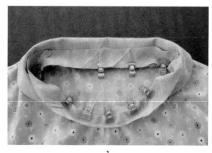

1
領口斜布條和領子正面對正面，從後中心開始強力夾固定一圈。

4
用小剪刀在弧處剪牙口（深度0.5cm）。

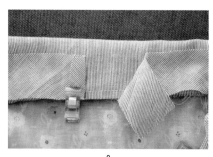

2
記得斜布條起點要往內折1cm，最後結束時要蓋住起點重疊1cm。

5
整理縫份，整燙，斜布條往內折再折，用珠針或強力夾固定。

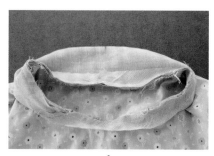

3
車縫一圈（領子拉平，以免車縫到）。

6
參考P.94三折包邊方法，完成領口包邊。

## ⑤— 脇邊車縫

1

脇邊各自車布邊，前後片正面對正面，依紙型標註袖口下止點和脇邊開衩點，兩點之間用珠針固定，車縫。

2

脇邊開衩往內折1cm，珠針固定。

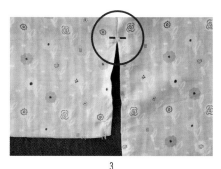

3

車縫開衩，縫份0.8cm，可以在開衩處來回加強車縫；另一脇邊也是相同方法。

## ⑥— 袖子車縫

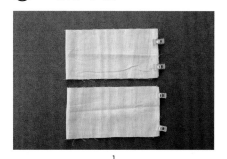

1

袖口布片長邊兩端用強力夾固定。

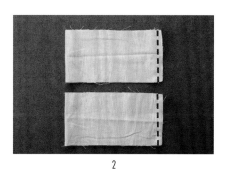

2

車縫。

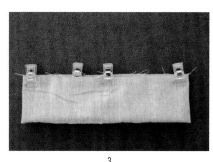

3

翻至正面，短邊對折，強力夾固定一圈。

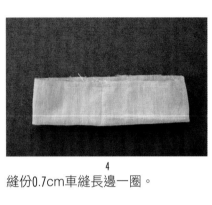

4

縫份0.7cm車縫長邊一圈。

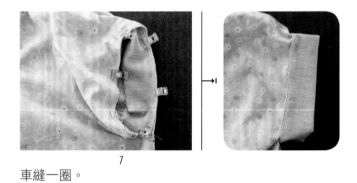

7

車縫一圈。

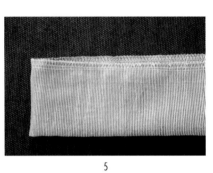

5

車布邊。

8

翻至正面。

6

袖口布車布邊和上衣袖口正面對正面，強力夾固定一圈。

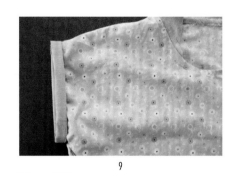

9

袖口反折。

## ⑦─ 衣襬車縫

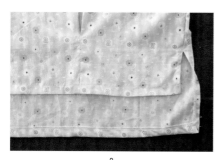

1

衣襬車布邊，往內折2.5cm，整燙。

2

離布邊線0.5cm車縫一圈。

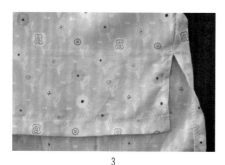

3

完成。

Item 05
點點款抽繩背心裙

how to make P.158

how to make P.166

Item 06

休閒口袋Ａ字裙

# 女孩風寬褶裙

how to make P.177

how to make P.184

舒適七分寬褲裙

how to make P.192

Item 09

羅紋裙頭寬褶長裙

## Item 05

# 點點款抽繩背心裙

P.148 · 型紙 CD 面 · M · L

### 學習重點

1.領子和袖口三折包邊，參考P.94。

2.裙片拉皺褶，參考P.86。

3.綁帶管道製作。

<table>
<tr><td>版型裁布圖</td><td>裁縫的順序</td></tr>
</table>

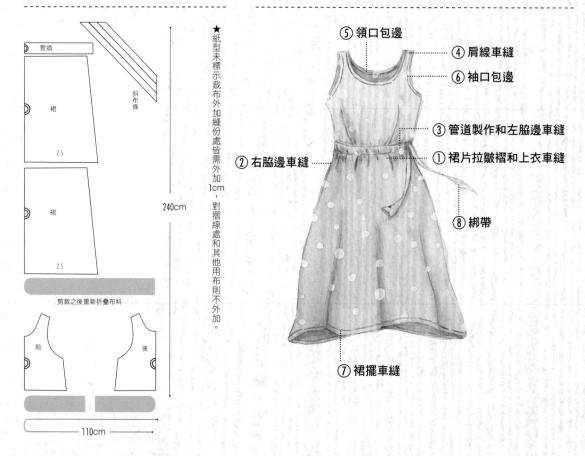

★紙型未標示裁布外加縫份處皆需外加1cm，對摺線處和其他用布則不外加。

管道

斜布條

裙

2.5

裙

2.5

240cm

剪裁之後重新折疊布料

前    後

110cm

⑤ 領口包邊

④ 肩線車縫

⑥ 袖口包邊

③ 管道製作和左脇邊車縫

② 右脇邊車縫

① 裙片拉皺褶和上衣車縫

⑧ 綁帶

⑦ 裙襬車縫

| 適合布料材質 | 用布量（110cm幅寬） | 其他用布和材料（已含1cm縫份） |
|---|---|---|
| 薄棉（麻）布 | 8尺（布圖案無方向性）<br><br>*本作品可隨需求調整：裙子長度。<br>*本作品的綁帶在左側，可視個人習慣調整在右側。 | 領口斜布條 75×3.5cm 一條（M），78×3.5 cm 一條（L）<br>袖口斜布條 65×3.5cm 兩條（M），68×3.5 cm 兩條（L）<br>綁帶管道　100×4.5cm一條（M），104×4.5 cm一條（L）<br>亞麻織帶　165cm 一條 |

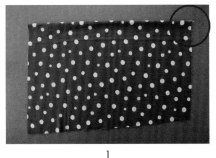

### ①— 裙片拉皺褶和上衣車縫

1
布對摺，找出裙片上緣的中心點。

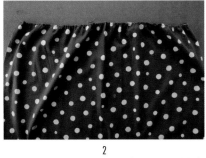

2
參考P.86拉細褶的方法，車兩道車線。

**如何簡易改版型**

從前片和後片的中心線平行外加或內減做1cm以內的微幅調整。

3

裙片和上衣一樣寬，兩者中心記號
點對齊，平均皺褶密度。

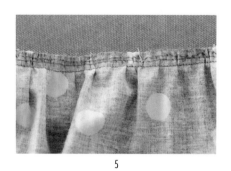

4

兩者正面對正面用珠針固定。

5

車縫。

6

車布邊。

↓

7

縫份往上衣方向（上）倒，離縫線
0.2cm車縫壓線。

↓

## ②— 右脇邊車縫

1

另一組上衣裙片也是相同方法，完成後，四邊脇邊（袖下到裙襬）各自車布邊。

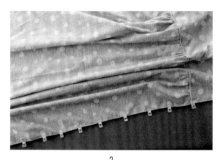

2

前後片正面對正面，右側邊的脇邊強力夾固定，腰間的車縫線對齊。

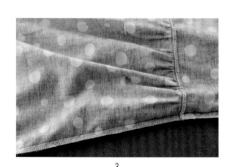

3

車縫右側脇邊。

4

縫份撥開。

## ③— 綁帶管道製作和左脇邊車縫

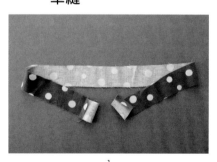

1

管道布頭尾兩端都往內折1cm。

↓

1cm

2

縫份0.7cm車縫壓線。

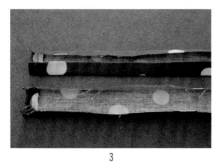

3

兩長邊往內折1cm,整燙。

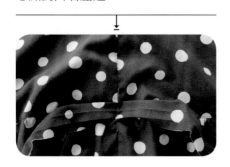

4

攤開洋裝正面朝上,管道布長邊中心點對齊右脇邊。

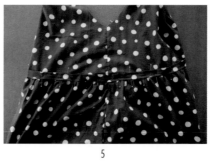

5

管道布的下緣對齊腰間車縫線,兩端皆離左側脇邊4.5cm(留意兩邊一致),用珠針固定。

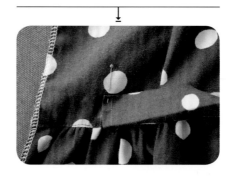

6

管道上下離邊0.2cm車縫。

7

記得右側脇邊的縫份撥開。

8

前後片正面對正面,左側邊的脇邊
強力夾固定,腰間的車縫線對齊車
縫。

## ④— 肩線車縫

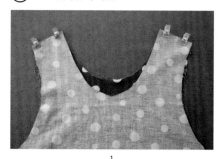

1

前後片正面對正面,強力夾固定肩
線。

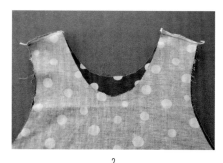

2

車縫肩線,並車布邊。

## ⑤— 領口包邊

1

領口斜布條和領口正面對正面,從
後中心開始強力夾固定一圈。

2

記得斜布條起點要往內折1cm,最
後結束時要蓋住起點重疊1cm。

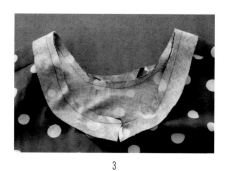

3

車縫一圈。

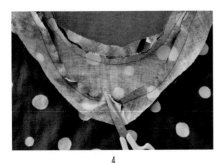

4

用小剪刀在弧處剪牙口（深度0.5cm）。

5

整理縫份，整燙，斜布條往內折再折，用珠針或強力夾固定。

↓

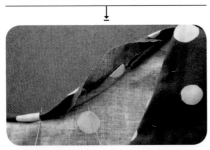

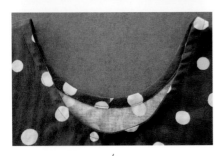

6

參考P.94三折包邊方法，完成領口包邊。

## ⑥— 袖口包邊

1

和領口包邊相同的方法，袖口斜布條和袖口正面對正面，從後片下方開始強力夾固定一圈。（起點往內折1cm，最後結束時要蓋住起點重疊1cm）

2

參考P.94三折包邊方法，完成袖口包邊。

↓

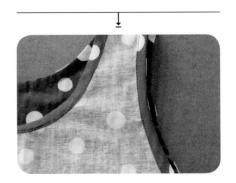

## ⑦— 裙襬車縫

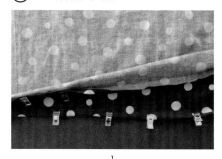

1

裙襬往內折0.5cm一褶，再折一褶2cm，強力夾固定。

2

離布邊0.2cm車縫一圈。

## ⑧— 綁帶

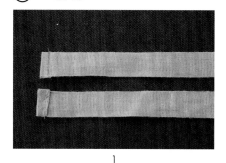

1

綁帶兩端折兩次0.7cm，離邊0.2cm車縫壓線。

2

穿繩工具夾住綁帶穿入管道。（穿繩器使用方法請參考P.17）

3

完成。

## Item 06

# 休閒口袋Ａ字裙

P.150 · 型紙 D 面·M·L

### 學習重點

1.弧形外口袋製作，請參考P.100。

2.內口袋製作。

3.抽繩釦眼，請參考P.21。

4.利用布的正反面不同顏色，製作外口袋，更具變化性。

| 版型裁布圖 | 裁縫的順序 |
|---|---|

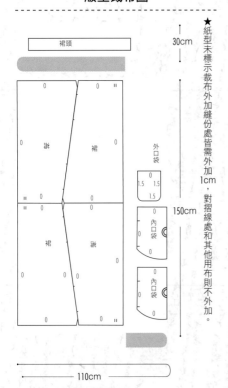

裙頭

30cm

150cm

110cm

外口袋
1.5 1.5
1.5

內口袋

內口袋

★紙型未標示裁布外加縫份處皆需外加1cm，對摺線處和其他用布則不外加。

※此排布方法，布無圖案方向性。

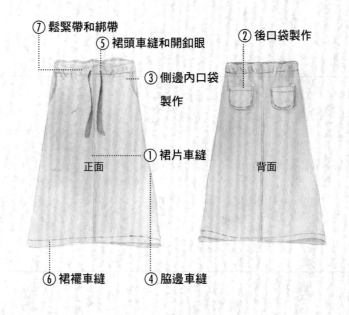

⑦ 鬆緊帶和綁帶

⑤ 裙頭車縫和開釦眼

② 後口袋製作

③ 側邊內口袋製作

① 裙片車縫

正面　　　　背面

⑥ 裙襬車縫　　④ 脇邊車縫

| 適合布料材質 | 用布量（110cm幅寬） | 其他用布和材料（已含1cm縫份） |
|---|---|---|
| 厚質單寧布 | 5尺（布無圖案方向性）<br>*本作品可隨需求調整：裙子長度。<br>棉布（裙頭部）1尺 | 裙頭布（別布）50×5↕cm兩片（M），52×5↕cm兩片（L）<br>棉織帶 150cm 一條<br>鬆緊帶 2.5cm寬×80 cm 一條（視個人需求調整）<br>薄布襯 少許 |

如何簡易改版型

從前片和後片的中心線平行外加或內減做1cm以內的微幅調整，記得裙頭布也要隨著增減喔。

## ①— 裙片車縫

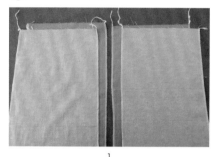

1

四片裙片各自車布邊三邊，裙頭不車，分成兩組，正面對正面，前中心線對齊。

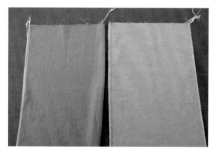

2

珠針固定中心線，縫份1cm車縫。

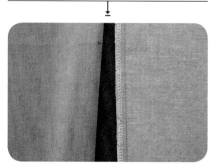

3

中心線縫份撥開，正面朝上，左右
離縫線0.2cm車縫壓線。

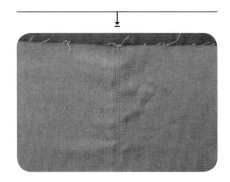

## ②— 後口袋製作

1

口袋布四邊先車布邊，取裙片的背
面色當正面，袋口往內折2cm。

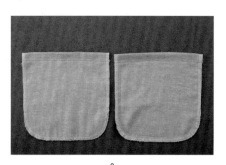

2

袋口壓線1.5cm。

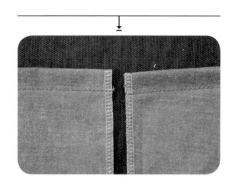

3
參考P.100製作弧形口袋。

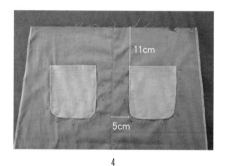

11cm

5cm

4
隨意取一片裙片當後裙，後裙片正面珠針固定兩個口袋，口袋內側上角位置離裙頭11cm，離中心線車縫線5cm。

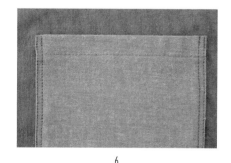

6
離第一道車線0.5cm再車一道。

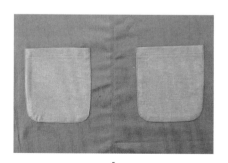

5
離邊0.2cm車縫壓線U形一圈。

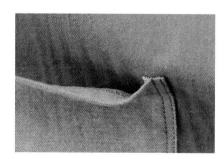

7
袋口回針可以來回加強。

## ③— 側邊內口袋製作

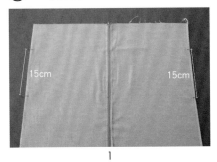

1

依紙型標出前後裙兩側邊內口袋的袋口位置15cm。

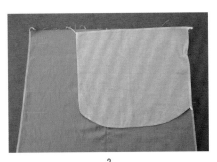

2

內口袋和前裙正面對正面，珠針固定袋口。

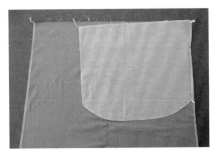

3

縫份1cm、車縫15cm的袋口。

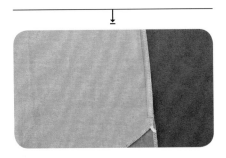

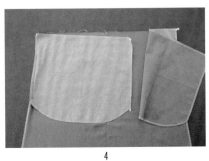

4

另一邊也是。

5

加入後裙，形成一圈。

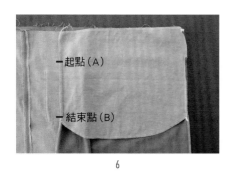

6

小剪刀對著前一步驟車縫的袋口起
點（A）與結束點（B）橫向剪一刀（深
度約0.8cm），前後裙共計8點。

8

縫份1cm車縫至B點交接，另一邊口
袋也是。（這裡發揮了B點剪一小刀的功
能。）

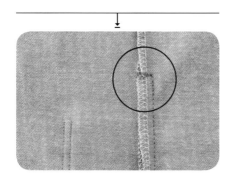

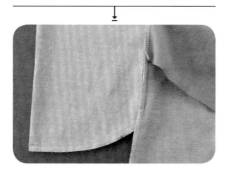

7

珠針固定口袋下緣弧處。

9

內口袋往前裙擺放，珠針固定口袋
和前後裙側共四片。（這裡發揮了A點
剪一小刀的功能。）

10

縫份1cm車縫上緣至A點。

12

翻至反面,口袋上邊和前裙頭珠針
固定。

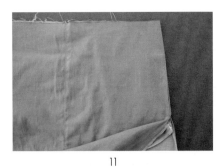

11

前裙袋口（A點至B點前0.5cm）壓線
0.3cm。

13

縫份0.7cm車縫。

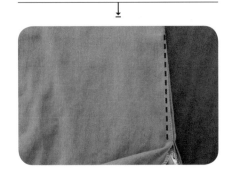

14

另一邊也是相同方法。

## ④— 脇邊車縫

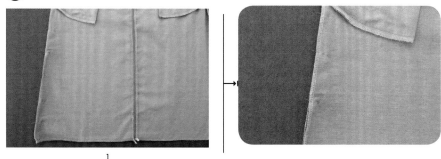

1
裙脇邊別珠針從B點至裙襬固定。

2
縫份1cm車縫脇邊，另一邊也是。

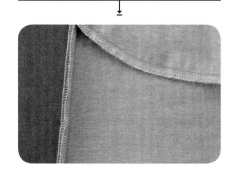

## ⑤— 裙頭車縫和開釦眼

1
裙頭布兩片

2
兩片裙頭布正面對正面，布片兩端
頭尾各車合1cm（縫份1cm，中間3cm不
車）。

3

裙頭布和裙身正面對正面，用珠針固定一圈。

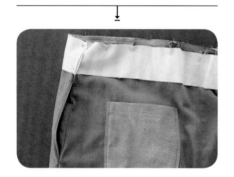

4

布片的縫份倒向一邊，縫份1cm車縫一圈。

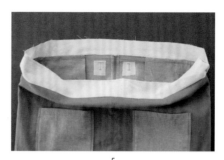

5

前裙正面依紙型標註釦眼位置，背面先燙薄布襯。

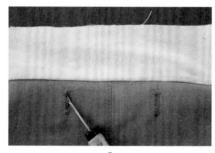

6

車釦眼，請參考P.21。

7

用拆線刀劃開釦眼。

8

裙頭布另一長邊往內折1cm，再整個裙頭布往裙內折入，用珠針固定。

9

在裙身背面，離裙頭布邊0.2cm車縫壓線一圈。

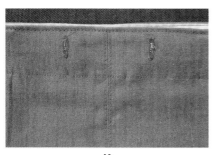

10

裙頭最上緣，也是離邊0.2cm車縫壓線一圈。

⑥— 裙襬車縫

1

裙襬往內折2.5cm，珠針固定，離布邊0.5cm車縫一圈。

## ⑦— 裙頭鬆緊帶和綁帶

1

裙頭穿入鬆緊帶。（穿繩器使用方法請
參考P.17）

2

確認鬆緊帶兩端方向一致，參考P.17
鬆緊帶頭尾車縫。

Note

鬆緊帶穿入口縫合，請參考P.198；
鬆緊帶不翻滾，請參考P.107（留意綁
帶不要車縫到）。

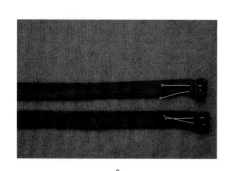

3

抽繩綁帶的兩端折兩次0.7cm，珠針
固定。

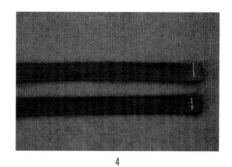

4

車縫。

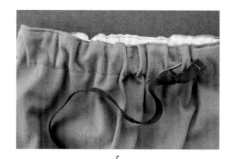

5

從釦眼處穿入綁帶。

6

完成。

# 女孩風寬褶裙

P.152 ・ 型紙 BC 面 ・ M・L

## 學習重點

1.寬褶製作。

2.裙頭製作。

### 版型裁布圖

★紙型未標示裁布外加縫份處皆需外加1cm，對摺線處和其他用布則不外加。

裙頭（前）

裙頭（後）

裙後

裙前

150cm

110cm

### 裁縫的順序

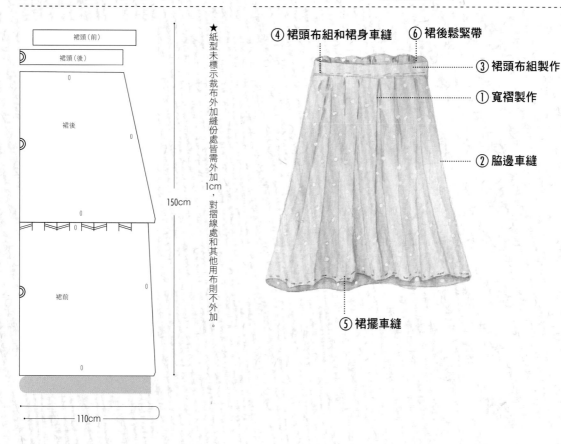

④ 裙頭布組和裙身車縫
⑥ 裙後鬆緊帶
③ 裙頭布組製作
① 寬褶製作
② 脇邊車縫
⑤ 裙擺車縫

| 適合布料材質 | 用布量（110cm幅寬） | 其他用布和材料（已含1cm縫份） |
|---|---|---|
| 亞麻、棉麻布或棉布 | 5尺<br>*本作品可隨需求調整：裙子長度。 | 裙頭（前）布 43×6 ↕cm 兩片（M），47×6 ↕cm 兩片（L）<br>裙頭（後）布 80×10 ↕ cm 一片（M），84×6 ↕cm 一片（L）<br>厚布襯 40.5×3.5 cm 一片（M），44.5×3.5 cm 一片（L）<br>鬆緊帶 3cm寬×35 cm 一條（M），3cm寬×41 cm 一條（L）（視個人需求調整） |

## ①— 寬褶製作

1
前裙正面上緣依紙型標註褶位置。

3
縫份0.7cm車縫固定褶。

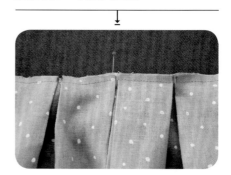

2
折出褶子，強力夾固定。

## ②— 車縫脇邊

1

前後裙正面對正面，強力夾固定兩
脇邊。

2

車縫兩脇邊。

3

車布邊。

## ③— 裙頭布組製作

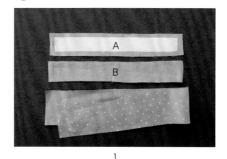

1

一片裙頭（前A）燙布襯（四周都離布邊
1.2cm）。

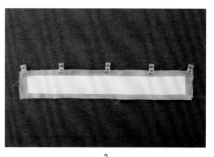

2

兩片裙頭（前）正面對正面，一長邊
強力夾固定。

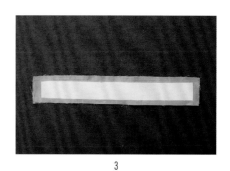

3

車縫。

↓

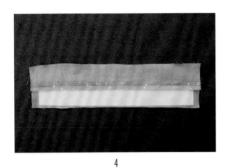

4

縫份撥開。

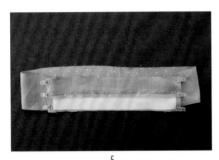

5

裙頭（前）和裙頭（後）正面對正面，兩端強力夾固定。

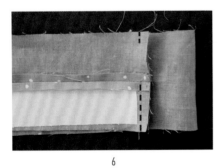

6

縫份1cm車縫，裙頭（前B）只車1cm（4cm不車），完成裙頭布組。

④— 裙頭布組和裙身車縫

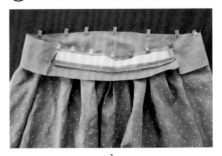

1

裙頭布組和裙身正面對正面（如圖），布組的兩端車縫線和裙身脇邊車縫線對齊，強力夾固定一圈。

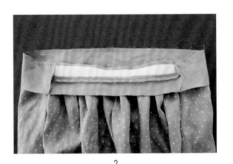

2

車縫一圈。

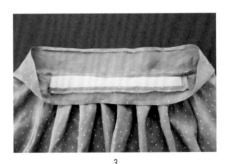

3

裙頭布組另一長邊往內折1cm。

4

再將二分之一裙頭布往裙內折入（要
超過裙身和裙頭結合車縫線0.2cm）用珠針
固定一圈。

超過0.2位置

5

在正面離裙頭邊0.2cm車縫壓線一
圈。

6

裙頭布最上緣，也是離邊0.2cm車縫
壓線一圈。

## ⑤── 裙襬車縫

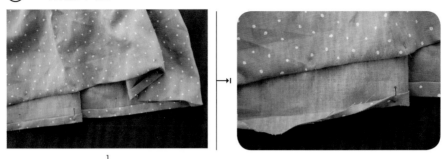

1

裙襬往內折一褶0.5cm再一褶2cm，
珠針固定。

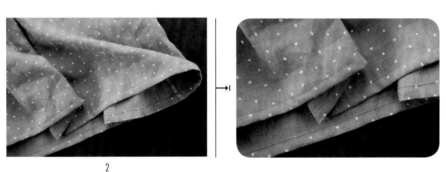

2

離邊0.2cm車縫一圈。

## ⑥— 裙（後）鬆緊帶

1

鬆緊帶兩端畫出2.5cm記號線，用穿繩工具穿入裙頭（後）。（穿繩器使用方法請參考P.17）

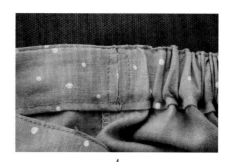

4

車縫一長方形狀繞穿入口。

2

起點口用強力夾夾住鬆緊帶和裙頭，鬆緊帶從另一端穿出。

5

鬆緊帶的另一端也是相同方法，完成。

3

起點口的2.5cm鬆緊帶往裙頭（前）方向置入，用強力夾和珠針輔助固定鬆緊帶。

## Item 08

# 舒適七分寬褲裙

P.154 · 型紙 ABD 面 · M · L

**學習重點**

1.四折包邊袋口，請參考P.96。

2.內口袋製作。

2.袋口拉細褶，參考P.86。

3.選用素布包製作褲裝時，分不出正反面，記得物件左右對稱。

| 版型裁布圖 | 裁縫的順序 |
|---|---|

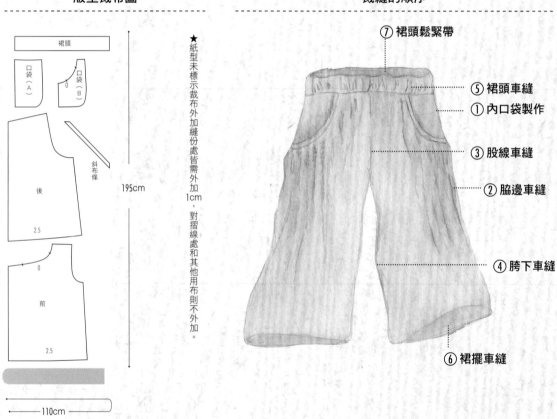

★紙型未標示裁布外加縫份處皆需外加1cm，對摺線處和其他用布則不外加。

裙頭

口袋（A）　口袋（B）

斜布條

後　2.5

195cm

0

前　2.5

110cm

⑦ 裙頭鬆緊帶

⑤ 裙頭車縫
① 內口袋製作

③ 股線車縫

② 脇邊車縫

④ 胯下車縫

⑥ 裙擺車縫

---

**適合布料材質　用布量（110cm幅寬）**

亞麻布、棉（麻）布　6.5尺

*本作品可隨需求調整：裙子長度。

**其他用布和材料（已含縫份）**

裙頭布51×12 ↕ cm 兩片（M），52.5×12 ↕ cm 兩片（L）

口袋口斜布條 22×3.5 cm 兩條

鬆緊帶 4cm寬×75 cm 一條（M），4cm寬×77 cm 一條（L）（視個人需求調整）

## ①— 內口袋製作

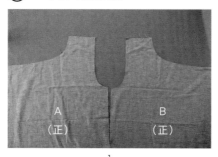

1

使用布料分不出正反面時，製作過程要記得將用布擺左右對稱。
兩片前片脇邊朝外擺放。

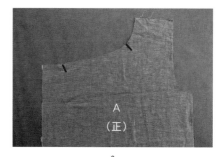

2

依紙型標示出袋口拉細褶位置。

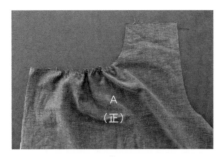

3

袋口拉細褶，參考P.86。

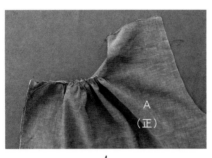

4

袋口細褶和口袋布（B）袋口吻合，兩者背面對背面珠針固定。

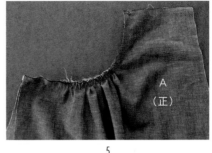

5

縫份0.5cm車縫固定；另一邊也是相同方法。

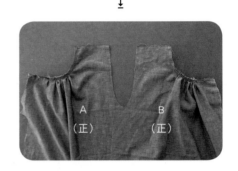

6

準備袋口斜布條（以下用另一組示範）。

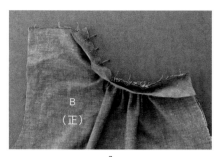

7

裙身正面朝上和斜布條正面對正
面，珠針固定。

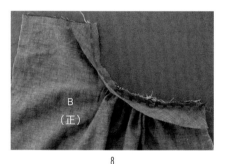

8

縫份0.7cm車縫。

9

袋口四折包邊，珠針固定。

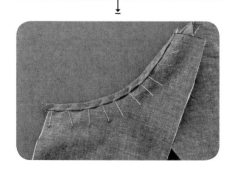

10

四折包邊方法，參考P.96。

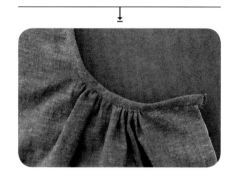

11

裙身背面朝上，口袋布（A）正面朝
下，蓋住口袋布（B），口袋布（A）
和口袋布（B）正面對正面，珠針固
定口袋布（A）（B）L曲線。

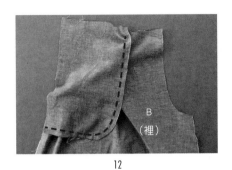

12

車縫。

15

內口袋上緣和裙片上緣縫份0.7cm車
縫固定，內口袋側邊和裙片脇邊縫
份0.7cm車縫固定。

13

內口袋L曲線車布邊。

14

完成內口袋組合。

## ②─ 脇邊車縫

1

前後片正面對正面,強力夾固定脇
邊。

2

車縫,並車布邊。

2

車縫脇邊,並車布邊,另一組也
是。

## ③─ 股線車縫

1

兩組攤開正面對正面,前後股線分
別以強力夾固定。

## ④─ 胯下車縫

1

車縫後的前後股線調整至中間,胯
下用強力夾固定,胯下前後股線縫
份錯開。

2

車縫,並車布邊。

## ⑤— 裙頭車縫

1

兩片裙頭布正面對正面，兩端珠針
固定。

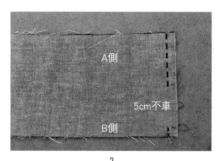

2

縫份1cm車縫，先車6cm後，5cm不
車，最後再車1cm；另一端也是相
同方法。

3

褲裙頭布（A側）和褲裙正面對正
面，裙頭布的兩端車縫線和褲裙脇
邊車縫線對齊，強力夾固定一圈。

4

縫份1cm車縫一圈。

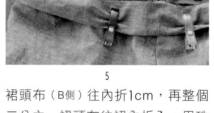

5

裙頭布（B側）往內折1cm，再整個
二分之一裙頭布往裙內折入，用珠
針長夾固定一圈。

6

在正面離裙頭邊0.2cm車縫壓線一圈
在裙頭布上。

Note
超過裙身和裙
頭結合車縫線
0.2cm。

## ⑥— 裙襬車縫

1
裙襬往內折一褶0.5cm再一褶2cm，珠針固定。

2
在背面離褶邊0.2cm，車縫壓線一圈。

↓

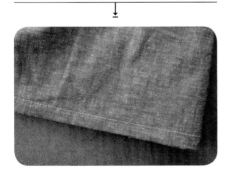

## ⑦— 裙頭鬆緊帶

1
裙頭穿入鬆緊帶。（穿繩器使用方法請參考P.17）

2
確認鬆緊帶兩端方向一致，鬆緊帶頭尾車縫。

3
參考P.107鬆緊帶加強車縫，完成。

Note
鬆緊帶穿入口縫合，請參考P.198；
鬆緊帶不翻滾，請參考P.107。

# 羅紋裙頭寬褶長裙

P.156・ 實物大型紙 BC 面・M・L

## 學習重點

1.寬褶壓線製作，防止褶外翻。

2.內口袋製作。

3.羅紋布裙頭製作。

| 版型裁布圖 | 裁縫的順序 |
|---|---|

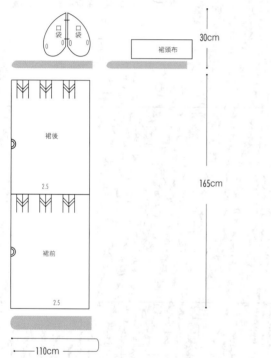

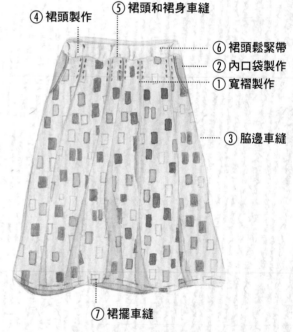

★紙型未標示裁布外加縫份處皆需外加1cm，對摺線處和其他用布則不外加。

| 適合布料材質 | 用布量（110cm幅寬） | 其他用布和材料（已含1cm縫份） |
|---|---|---|
| 亞麻和棉麻布 | 裙：5.5尺<br>黃色素棉布（口袋）：1尺<br>羅紋布（裙頭）：1尺 | 裙頭羅紋布 42×12↕cm 兩片（M），46×12↕cm 兩片（L）<br>鬆緊帶 4cm寬×75cm 一條（M），4cm寬×80cm （L）一條（視個人需求調整）<br>*本作品可隨需求調整：裙子長度。 |

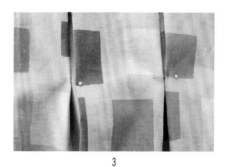

## ①— 寬褶製作

1

裙片正面上緣依紙型標註出褶的位置。

3

黃色珠針為壓線車止點。

2

折出褶子，兩兩相對一組，共計六組，珠針固定。

4

離褶邊0.2cm壓線至黃色珠針。

**如何簡易改版型**

從前片和後片的中心線平行外加或內減做1cm以內的微幅調整，記得裙頭布也要隨著增減喔。

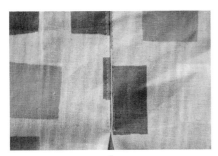

5

車止點可以橫向回針，可防止褶外翻。

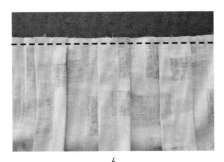

6

裙上緣縫份0.7cm車縫固定褶的方向；另一裙片也是相同方法。

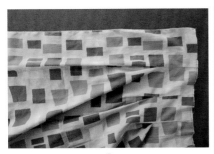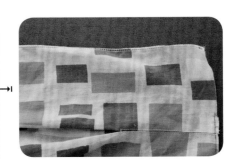

7

兩片裙片的兩側脇邊都各自車布邊。

## ②— 內口袋製作

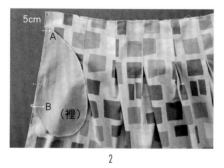

1

四片口袋布各自車布邊。

4

兩片裙片（包含口袋布）正面對正面，用珠針固定口袋布外側一圈（A點逆時針至B點）。

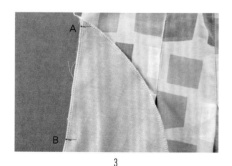

2

口袋布標註袋口記號點A、B，裙片正面朝上，和口袋布片正面對正面，離裙上緣5cm，用珠針固定。

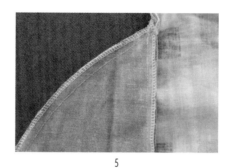

5

車縫。

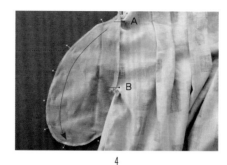

3

車縫A至B；另三片口袋布也是相同方法和裙身結合。

## ③— 脇邊車縫

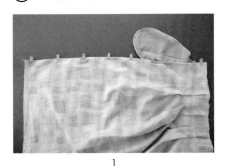

1

前後裙正面對正面，強力夾固定兩脇邊（略過口袋）。

3

前片口袋的口車縫壓線0.3cm。

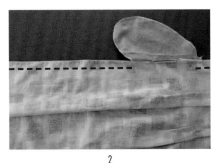

2

分兩段車縫脇邊（略過口袋），車縫到A點時將口袋往外拉，不要車到口袋，再從B點（口袋往外拉，不要車到口袋）車縫至裙襬。

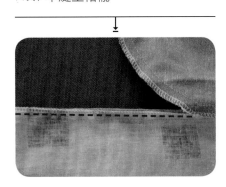

## ④— 裙頭製作

1

兩片裙頭布正面對正面，兩端固定。

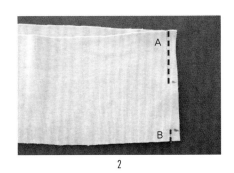

2

縫份1cm車縫，先車6cm（A段）後，5cm不車，最後再車1cm（B段）；另一端也是相同方法。

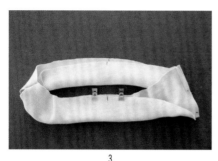

3

裙頭布標出長邊中心記號點，背面
對背面短邊對折，用強力夾固定。

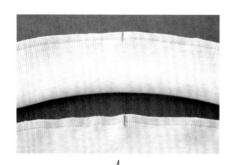

4

縫份0.7cm車縫固定一圈。

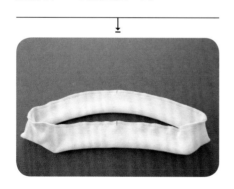

## ⑤— 裙頭和裙身車縫

1

裙頭（A段朝下）和裙身正面對正面，
裙頭布的兩端車縫線和裙脇邊車縫
線對齊，強力夾固定一圈。

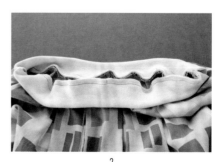

2

縫份1cm車縫一圈。

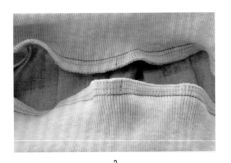
3

車布邊。

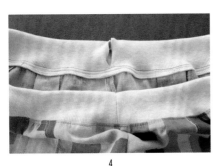
4

裙頭縫份順向下，在裙正面離裙頭
布下緣0.5cm車縫壓線一圈。

## ⑥— 裙頭鬆緊帶

1

穿入鬆緊帶。（穿繩器使用方法請參考
P.17）

2

確認鬆緊帶兩端方向一致，參考
P.107鬆緊帶要加強車縫；鬆緊帶不
翻滾請參考P.107。

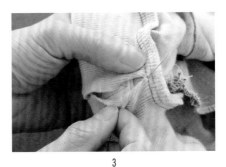
3

手縫針線從鬆緊帶穿入口裡面入
針，正面出針。

4

出入針都在同一邊。

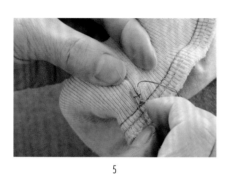

5

再縫對面邊。

6

重複以上動作，以這樣的藏針縫針
法縫合鬆緊帶穿入口，最後打結，
藏結。

## ⑦─ 裙襬車縫

1

裙襬車布邊

2

裙襬往內折2.5cm，整燙。

3

離邊0.2cm車縫一圈，即完成。

how to make P.206

Item 10
# 10
## 綁帶微飛鼠九分褲

how to make P.214

Item

# 11

七分束口燈籠褲

how to make P.223

Item 12

細吊帶口袋寬褲

# 綁帶微飛鼠九分褲

P.200・ 型紙 ABCD 面・M・L

## 學習重點

1.內口袋縫製。

2.抽繩釦眼,請參考P.21。

3.挑選素色布製作時需留意的左右方向問題,紙型中有標註相同記號表
示是相鄰結合邊。

4.選用素色布製作褲裝時,因分不出正反面,記得物件要左右對稱。

### 版型裁布圖

內口袋

30cm

★紙型未標示裁布外加縫份處皆需外加1cm,對摺線處和其他用布則不外加。

後中

脇邊(上) 2.5

前側(上) 6

脇邊 46 2.5

210cm

前中 6

前側(下) 外 6

脇邊(下) 2.5

後側 外 6

2.5

2.5

110cm

### 裁縫的順序

⑤ 開釦眼和褲頭車縫

⑦ 鬆緊帶和綁帶

① 內口袋製作和前側車縫

② 前中和前側車縫

③ 後中和後側車縫

④ 脇邊車縫

⑥ 褲管車縫

| 適合布料材質 | 用布量(110cm幅寬) | 其他材料 |
|---|---|---|
| 棉麻布 | 7尺(布無圖案方向性) | 棉織帶 150cm 一條 |
| | 棉麻布(口袋)1尺 | 鬆緊帶 4cm寬×80 cm 一條(視個人需求) |
| | | 薄布襯 少許 |

## ①— 內口袋製作和前側車縫

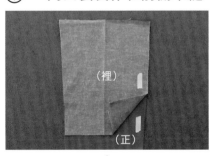

（裡）

（正）

1

內口袋和前側（下）正面對正面。

（註：黃標表內側）

3

內口袋往內翻，袋口車縫壓線
0.3cm。

2

車縫上緣。

4

前側（上）正面朝上和前一步驟完成
的內口袋正面對正面。

5

前側（上）和內口袋一起車縫口袋底部分。

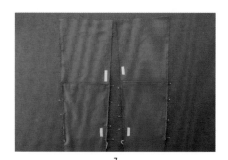

6

車布邊。

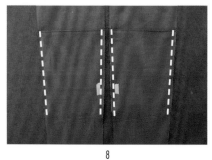

7

另一褲前側邊也是相同方法，留意內側需朝向中間。

8

內口袋處兩側邊的三片布縫份0.7cm先車縫固定，完成兩組前側。

## ②— 前中和前側車縫

1

前中放在中間，兩組前側內側朝內放在左右。

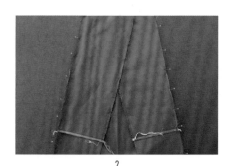

2

前中和前側正面對正面珠針固定。

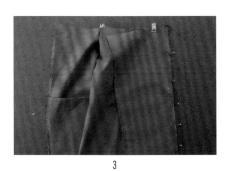

3

車縫。

↓

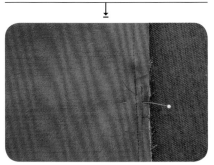

4

車布邊。

↓

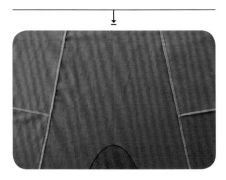

5

縫份倒向前中,整燙。

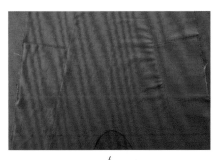

6

在正面,離車縫線0.3cm車縫壓線在前中。

↓

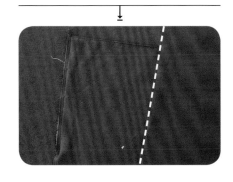

## ③— 後中和後側車縫

1

相同方法，後中和左右後側正面
對正面珠針固定（留意內側需朝向中
間）。

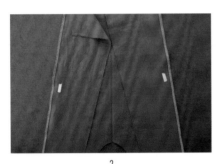

2

車縫，並車布邊。

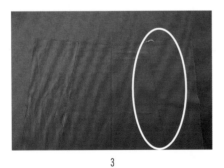

3

縫份倒向後中，在正面，離車縫線
0.3cm車縫壓線在後中。

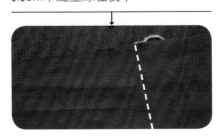

## ④— 脇邊車縫

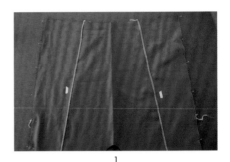

1

前後片正面對正面，用珠針固定兩
側脇邊從褲頭至褲管。

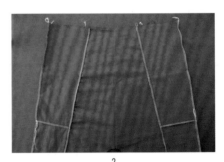

2

車縫，並車布邊。

3

胯下珠針固定一圈。

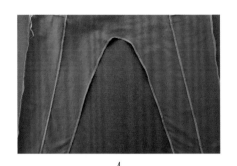

4

車縫,並車布邊。

## ⑤— 開釦眼和褲頭車縫

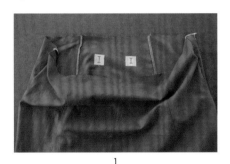

1

前片正面依紙型標出釦眼位置,裡面燙薄布襯,車釦眼請參考P.21。

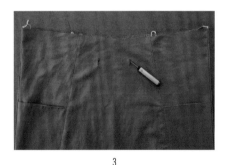

3

用拆線刀劃開釦眼。

2

車好釦眼。

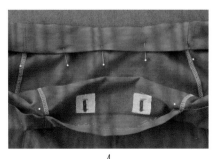

4

褲頭往內折1cm,再折5cm,用珠針和褲子固定。

## ⑥— 褲管車縫

1

褲管往內折一褶0.5cm再一褶2cm，珠針固定。

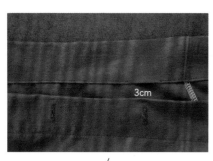

5

在褲子背面離邊0.2cm車縫壓線一圈。

2

在背面離褶邊0.2cm車縫壓線一圈，完成。

6

但是留3cm不車，供穿入鬆緊帶用。

## ⑦— 褲頭鬆緊帶和抽繩綁帶

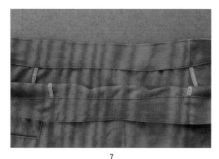

7

褲頭最上緣，也是離邊0.2cm車縫壓線一圈。

1

褲頭穿入鬆緊帶。（穿繩器使用方法請參考P.17）

2

確認鬆緊帶兩端方向一致。

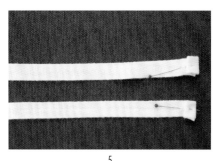

5

抽繩綁帶的兩端折兩次0.7cm，珠針
固定。

3

鬆緊帶頭尾用珠針固定

6

車縫。

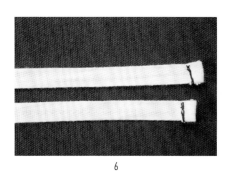

4

鬆緊帶頭尾加強車縫（參考P.107）。

<u>Note</u>

鬆緊帶不翻滾，請參考P.107（留意不
要車縫到綁帶）；穿入口以珠針固定，
車縫壓線0.2cm。

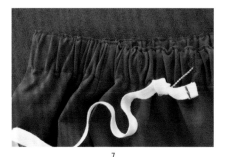

7

從釦眼處穿入綁帶。

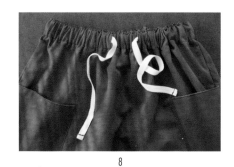

8

完成。

# 七分束口燈籠褲

P.202・型紙 ABC 面・M・L

**學習重點**

1.內口袋製作。

2.褲管細褶，請參考P.86。

3.褲管四折包邊，請參考P.96。。

4.選用素色布製作褲裝時，分不出正反面，記得物件左右對稱。

5.口袋用布可以選擇花布，增加變化性。

| 版型裁布圖 | 裁縫的順序 |
|---|---|

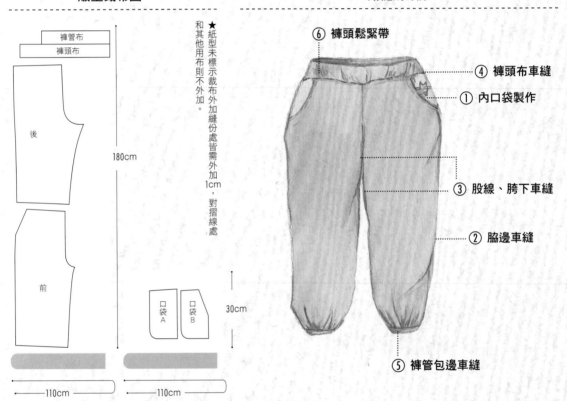

★紙型未標示裁布外加縫份處皆需外加1cm，對摺線處和其他用布則不外加。

裁縫的順序：

⑥ 褲頭鬆緊帶
④ 褲頭布車縫
① 內口袋製作
③ 股線、胯下車縫
② 脅邊車縫
⑤ 褲管包邊車縫

| 適合布料材質 | 用布量（110cm幅寬） | 其他用布和材料（已含1cm縫份） |
|---|---|---|
| 棉麻布 | 6尺（布無圖案方向性）<br>棉麻布（口袋）1尺 | 褲頭布 54×12↕cm兩片（M），55.5×12↕cm兩片（L）<br>褲管布 42×7↕cm兩片（M），43.5×7↕cm兩片（L）<br>鬆緊帶 4cm寬×75 cm 一條（M），4cm寬×78cm 一條<br>（L）（視個人需求調整） |

## ①— 內口袋製作

（A）正

（B）正

1

兩片前褲身擺相對，袋口斜邊朝外。

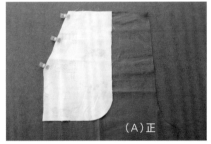

（A）正

2

口袋（B）和前褲身正面對正面，強力夾固定袋口斜邊。

（A）正

3

車縫，另一組褲身也是。（以下以另一組褲身做範例）

4

口袋（B）往內翻至褲身內，整燙，
袋口斜邊車縫壓線0.3cm。

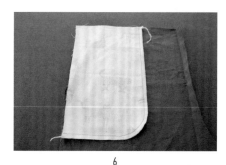

6

車縫L曲線，然後車布邊。

---

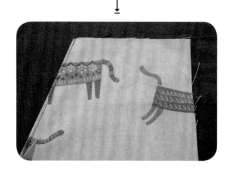

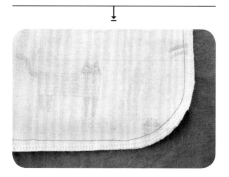

---

5

口袋（A）和口袋（B）正面對正面，
強力夾固定L曲線。

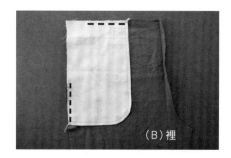

7

口袋上緣和褲身重疊處，還有側邊
重疊，皆以珠針固定，縫份0.7cm車
縫。

## ②— 脇邊車縫

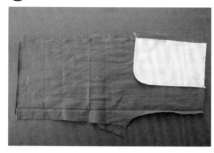

1

褲身前後片正面對正面，珠針固定。

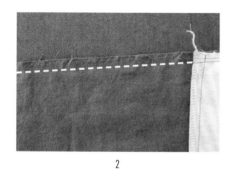

2

車縫脇邊。

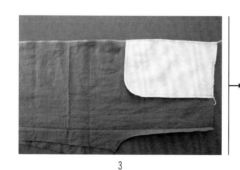

3

車布邊。

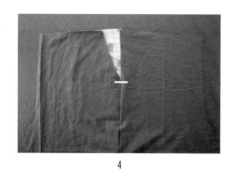

4

至正面，脇邊縫份倒向後片，整燙，在袋口的底部和後片交接處回針車縫，加強袋口耐用度，可用不同顏色的車線，也有裝飾效果；另一組也是相同方法。

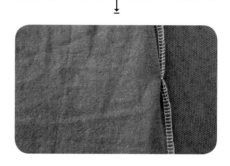

## ③— 股線、胯下車縫

1

兩組褲身正面對正面，前後股線分別強力夾固定。

4

胯下前後股線的縫份錯開，珠針固定。

2

車縫，並車布邊。

5

車縫，並車布邊。

3

車縫後的前後股線調整至中間，胯下用強力夾固定。

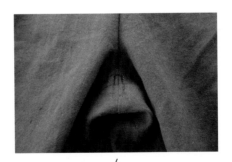

6

在正面胯下前後股線交接處，車縫加強耐用度。

## ④— 褲頭布車縫

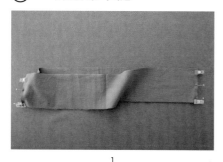

1

兩片褲頭布正面對正面，兩端珠針
固定。

↓

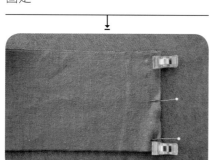

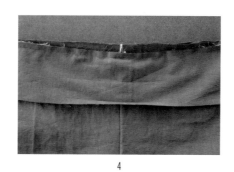

2

車縫，先車6cm後，5cm不車，最後
再車1cm；另一端也是相同方法。

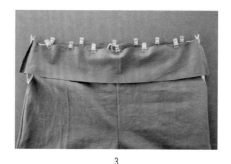

3

褲頭布（A側）和褲身正面對正面，
褲頭布的兩端車縫線和褲脇邊車縫
線對齊，強力夾固定一圈。

4

車縫一圈。

5

褲頭布（B側）往內折1cm，再將二分之一整個褲頭布往裙內折入（超過褲身和褲頭結合車縫線0.2cm）用珠針長夾固定一圈。

↓

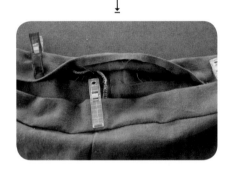

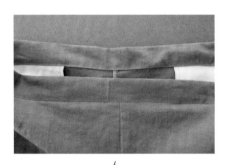

6

在正面離褲頭邊0.2cm車縫壓線一圈在褲頭布上。

## ⑤— 褲管包邊車縫

1

褲管布長邊對折。

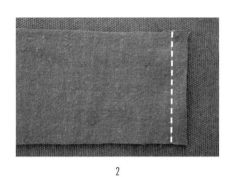

2

車縫。

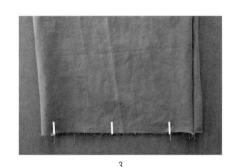

3

在正面，依紙型標示出褲管拉細褶的範圍，以及標示褲管的中心記號點。

4
參考P.86拉細褶方法。

5
褲管細褶拉至和褲管布等寬，褲管
布用剪刀剪小缺口表示中心點。

7
車縫。

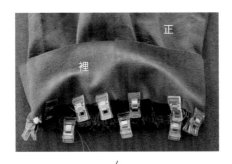

6
褲管布側邊車縫線朝內，兩者正面
對正面，中心點對齊，強力夾固定
一圈。

8
褲管布另一邊往內折1cm，再將二
分之一褲管布往褲管內折入（超過兩
者的結合車縫線0.2cm）。

9

用長夾固定一圈。

10

在正面離車縫線0.2cm，車縫壓線一圈在褲管布上。

## ⑥— 褲頭鬆緊帶

1

褲頭穿入鬆緊帶。（穿繩器使用方法請參考P.17）

2

確認鬆緊帶兩端方向一致，鬆緊帶頭尾車縫。

Note

鬆緊帶加強請參考P.107；鬆緊帶不翻滾請參考 P.107；穿入口縫合請參考P.198。

3

完成。

# 細吊帶口袋寬褲

P.204 · 型紙 ABCD 面 · free size

## 學習重點

1.弧形外口袋製作，請參考P.100。

2.領口貼邊製作。

3.選用素色布製作褲裝時，分不出正反面，記得物件左右對稱。

---

## 版型裁布圖

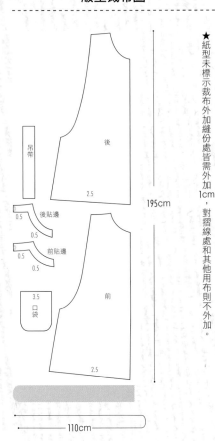

吊帶

後

2.5

後貼邊
0.5
0.5

前貼邊
0.5
0.5

口袋
3.5

前

2.5

195cm

110cm

★紙型未標示裁布外加縫份處皆需外加1cm，對摺線處和其他用布則不外加。

## 裁縫的順序

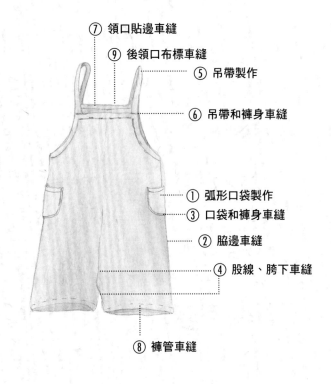

⑦ 領口貼邊車縫

⑨ 後領口布標車縫

⑤ 吊帶製作

⑥ 吊帶和褲身車縫

① 弧形口袋製作

③ 口袋和褲身車縫

② 脇邊車縫

④ 股線、胯下車縫

⑧ 褲管車縫

---

| 適合布料材質 | 用布量（110cm幅寬） | 其他用布和材料 |
|---|---|---|
| 棉麻布、亞麻布 | 6.5尺（布無圖案方向性）<br>*本作品可隨需求調整：吊帶長度。 | 吊帶 5×42cm 兩片<br>布標 一片 |

從前片和後片的側邊平行外加或內減做1cm以內的微幅調整，記得前後的貼邊布也要隨著增減喔！

如何簡易改版型

## ①— 弧形口袋製作

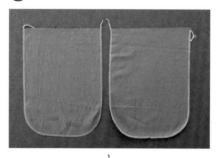

1

口袋U型車布邊。

2

袋口往正面折1cm，再折2.5cm，整燙。

3

袋口褶邊上下緣皆離邊0.2cm車縫壓線。

4

參考P.100弧形口袋製作。

## ②— 脇邊車縫

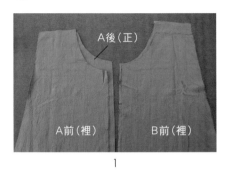

1

兩片後片正面朝上、脇邊朝內,前
片和後片正面對正面,脇邊對脇
邊,分成兩組。

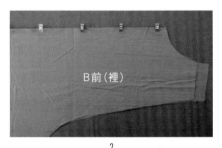

2

前後片正面對正面,強力夾固定脇
邊,另一組也是相同方法。

3

車縫脇邊。

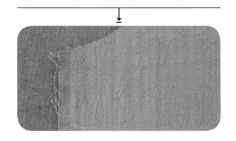

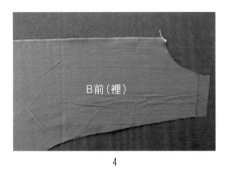

4

車布邊。

## ③— 口袋和褲身車縫

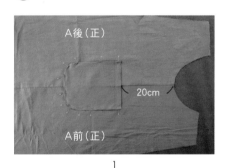

1

(以下以A組示範)口袋底標註中心
點,中心點對齊褲身正面脇邊車縫
線,袋口離袖口20cm,珠針固定。

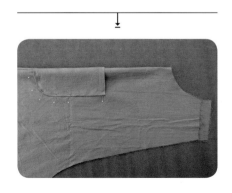

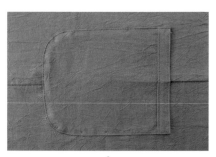

2

離口袋邊0.2cm車縫壓線U形一圈。

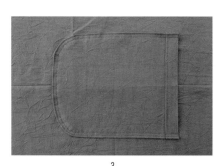

3

離第一道壓線0.5cm再車第二道壓線；另一組也是相同方法。

↓

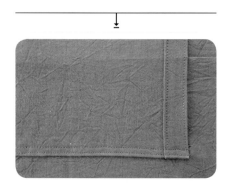

## ④— 股線、胯下車縫

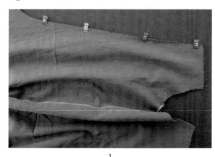

1

A、B兩組褲身攤開正面對正面，兩片的前後股線分別強力夾固定。

↓

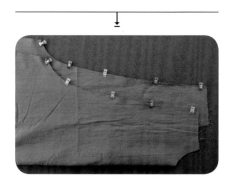

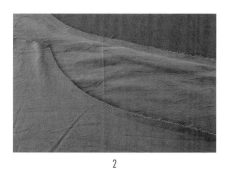

2

車縫。

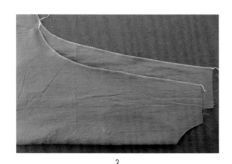

3

車布邊。

6

車縫,然後車布邊。

4

車縫後的前後股線調整至中間,強
力夾固定跨下一圈。

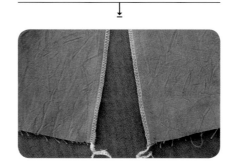

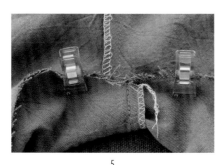

5

前後股線縫份錯開,用強力夾固
定。

7

翻至正面。

## ⑤ — 吊帶製作

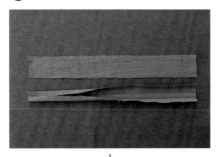

1

吊帶布短邊四等分折。

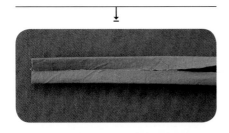

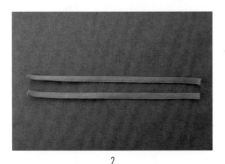

2

兩長邊離邊0.1cm車縫壓線。

## ⑥ — 吊帶和褲身車縫

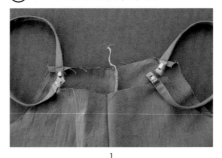

1

褲身前領口離布邊1cm放上吊帶，吊帶另一端拉至相對位置的後領口，也是離後領口布邊1cm，以強力夾固定；另一條吊帶也是相同方法。

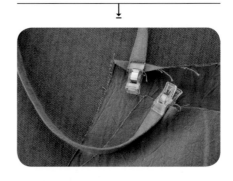

2

縫份0.7cm車縫固定，檢查吊帶方向是否正確。

## ⑦— 領口貼邊車縫

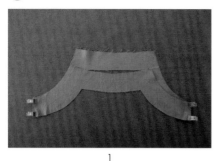

1

前後領口貼邊布正面對正面，脇邊
強力夾固定。

4

車縫。

2

車縫。

3

貼邊布組和褲身領口正面對正面，
脇邊車縫線對齊，縫份錯開，強力
夾固定一圈。

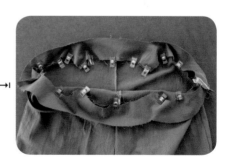

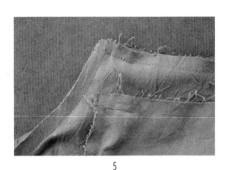

5

剪去角。

7

正面離邊0.2cm車縫壓線領口一圈。

6

貼邊布翻至裡面，整燙。

8

貼邊布下緣往內折0.5cm，用珠針和
褲身固定一圈。

9

在褲身裡面離貼邊下緣0.2cm車縫壓線一圈。

## ⑧— 褲管車縫

1

褲管往內折一褶0.5cm再一褶2cm，珠針固定。

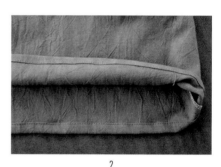

2

在背面離褶邊0.2cm車縫壓線一圈，完成。

## ⑨— 後領口布標車縫

1

後領口（較高）正面中間車縫上布標，既有裝飾效果也可區分前後領口之用，完成。

# Item 13

## 七分袖橫條彈性T

how to make P.238

how to make P.246

# 14
## 滾邊短袖彈性棉 T

how to make P.252

# Item 13

# 七分袖橫條彈性T

P.232 · 型紙 CD 面 · free size · M · L

## 學習重點

1.彈性布料車縫技巧。

2.拷克機盲縫壓腳的運用，請參考P.42。

3.運用人字織帶、薄布襯防止彈性布彈性變形。

4.本作品80%使用拷克機，20%使用裁縫車縫製。

## 版型裁布圖

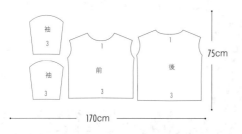

★紙型未標示裁布外加縫份處皆需外加0.7cm。

★拷克機差動鈕設定在「1.5」，左右針皆使用，上下彎針使用伸縮尼龍線，卸裁刀（請參考P.34）。

## 裁縫的順序

① 後領口織帶車縫

② 肩線車縫　　　③ 前領口織帶車縫

④ 袖子和上衣車縫

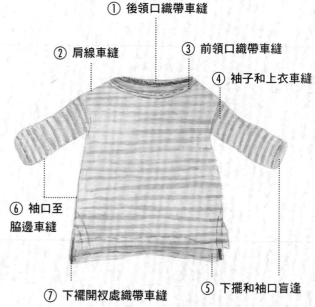

⑥ 袖口至脇邊車縫

⑦ 下襬開衩處織帶車縫　　⑤ 下擺和袖口盲逢

| 適合布料材質 | 用布量（170cm幅寬） | 其他材料 |
|---|---|---|
| 彈性布 | 2.5尺<br>*本作品可隨需求調整：上衣和袖子長度。 | 人字織帶（1.5cm寬）120cm<br>薄布襯 少許 |

## ①— 後領口織帶車縫

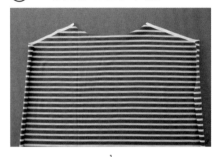

1

後片背面在肩線處燙上薄布襯，寬度0.7cm。

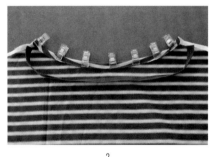

2

後片領口往內折1cm，用強力夾固定，準備人字織帶，長度大於領口2cm。

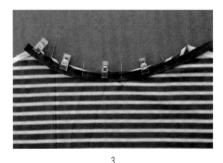

3

織帶蓋住內折的領口布邊（兩端可多出1cm），強力夾和珠針固定。

**如何簡易改版型**

從前片和後片的中心線平行外加或內減做1cm以內的微幅調整。

4

領口布邊大約在織帶的寬度中間。

5

離織帶上緣0.1cm，用裁縫機車縫，剪刀依著肩線的斜度修齊織帶，離織帶下緣0.1cm，再車縫第二道線。

## ②— 肩線車縫

1

前領口往內折1cm，前後片正面對正面，強力夾固定肩線（不可以用珠針）。

2

準備拷克機，檢查四條線是否順暢，縫針滑到最頂。

3

差動鈕設定在「1.5」，可先用裁剪中剩餘的彈性布試車。

4
拷克機車縫肩線。

↓

5
頭尾圈線可留一小段約5~7cm。

## ③— 前領口織帶車縫

1
準備織帶,長度比前領口多3cm,
前領口布邊大約在織帶的寬度中
間,強力夾珠針固定。

2
頭尾兩端織帶要多1.5cm,織帶往內
折1.5cm,肩線縫份往後片倒,蓋住
1.5cm的內折織帶。

3
離織帶上緣0.1cm,以裁縫車車縫。

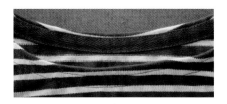

4
離織帶下緣0.1cm,再車縫第二道
線。

## ④— 袖子和上衣車縫

1

標示出袖攏的中心點，中心點和肩線車縫線對齊，肩線縫份往後片倒，袖子和衣身正面對正面，強力夾固定。

↓

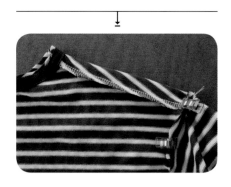

2

用拷克機車縫上衣和兩袖。

## ⑤— 下襬和袖口盲縫

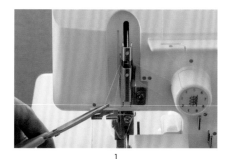

1

使用盲縫壓腳不需要左針線，左針縫線剪掉。

2

將左針剪掉的車線暫時掛在壓力調整鈕上，不妨礙作業即可，這樣待需要左針線時，可立即穿上。

3

拷克機更換盲縫壓腳，更換方法請參考P.47。

4

縫針滑到最頂。

5

差動鈕設定在「1.5」。

6

參考P.42，下襬折出盲縫時布的狀態，記得使用珠針固定時，珠針須遠離壓腳會經過的範圍。

7

車縫彈性布，雙手需放鬆，不要過度拉扯布。

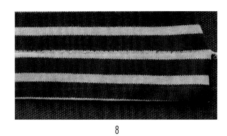

8

車縫完成，正面隱約一點點縫點。

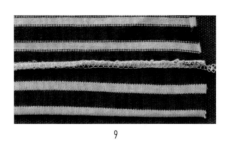

9

背面，可以用熨斗中高溫整燙。

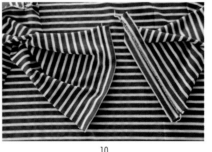

10

用相同盲縫方法完成另一下襬和袖口。

## ⑥— 袖口至脇邊車縫

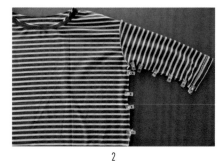

1

拷克機壓腳換回正常壓腳,左針穿線,四邊脇邊依紙型標示AB位置,脇邊底~A用拷克機車布邊。

2

上衣前後正面對正面,袖口至脇邊A點用強力夾固定,用拷克機從袖口車縫至A。

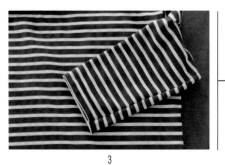

3

翻至正面。

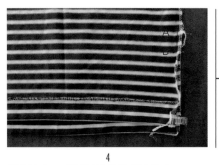

4

縫份0.7cm用裁縫車車縫A至B。

## ⑦— 下襬開衩處織帶車縫

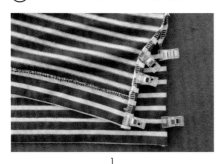

1

下襬開衩處往內折1cm，強力夾固定。

2

織帶繞開衩處一圈，布邊大約在織帶的寬度中間，織帶兩端往內折1cm，可以比下襬內縮0.3cm，開衩頂點處織帶轉折壓扁，珠針固定。

3

離織帶兩側邊緣0.1cm，用裁縫車各車縫一道，完成。

Item 14

# 滾邊短袖彈性棉 T

P.234 · 型紙 AB 面 · free size

**學習重點**

1.彈性布料領口袖口車縫技巧。

2.運用薄布襯防止彈性布彈性變形。

3.本作品完全以拷克機使用正常壓腳縫製。

## 版型裁布圖

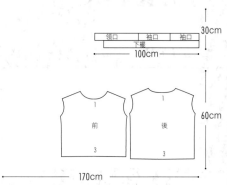

★紙型未標示裁布外加縫份處皆需外加0.7cm。

★拷克機差動鈕設定在「1.5」，左右針皆使用，上下彎針使用伸縮尼龍線，卸裁刀（請參考P.34）。

## 裁縫的順序

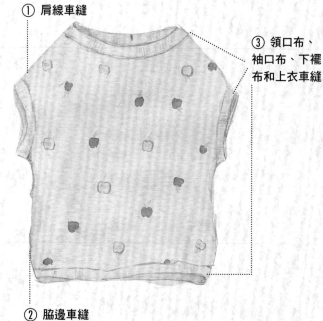

① 肩線車縫

③ 領口布、袖口布、下襬布和上衣車縫

② 脇邊車縫

| 適合布料材質 | 用布量 | 其他用布和材料（已含0.7cm縫份） |
|---|---|---|
| 彈性布 | 彈性布（170cm幅寬）2尺<br>羅紋布（110cm幅寬）1尺<br>*本作品可隨需求調整：上衣長度。 | 領口羅紋布 50×7.5↕cm 一片<br>袖口羅紋布 30×7.5↕cm 兩片<br>下襬羅紋布 103×7.5↕cm 一片<br>薄布襯 少許 |

**如何簡易改版型**

從前片和後片的中心線平行外加或內減做1cm以內的微幅調整，記得領口和下襬布也要隨著增減喔！

## ①— 肩線車縫

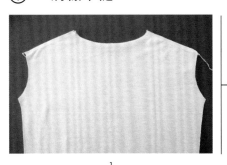 

1

後片背面在肩線處燙上薄布襯、寬度0.7cm，前後片正面對正面，強力夾固定肩線，拷克機車縫肩線，請參考P.239。

## ②— 脇邊車縫

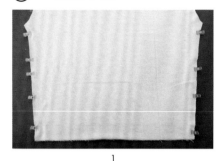

1

前後片正面對正面，強力夾固定從
袖口腋下至下襬（不可以用珠針）。

2

拷克機車縫。

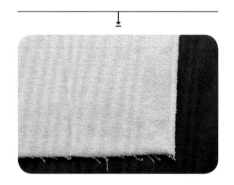

## ③— 領口布，袖口布，下襬
布和上衣車縫

1

兩片袖口布，一片領口布和一片下
襬布各自長邊對折。

2

強力夾固定短邊。

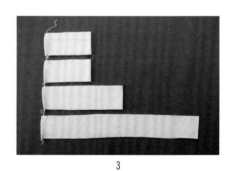

3

拷克機車縫。

4

袖口布再短邊對折,強力夾固定一圈,勿使用珠針。

6

和袖口正面對正面,強力夾固定一圈。

5

縫份錯開,降低厚度。

7

袖口布的縫份置在腋下。

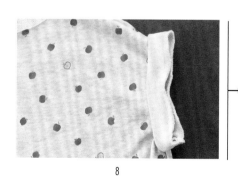

8

拷克機車縫。

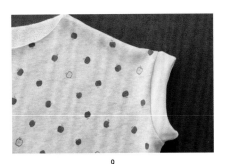

9
翻至正面，另一個袖子也是相同方法。

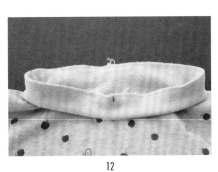

12
拷克機車縫。

10
領口布標示前中心和上衣前領口正面對正面，中心點對齊，領口布縫份和上衣後領口中心點對齊，強力夾固定。

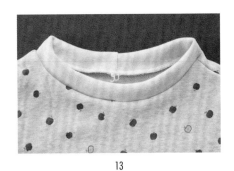

13
翻至正面。

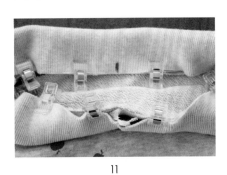

11
縫份也是錯開。

14
下襬布標示四等分記號點，強力夾固定一圈。

15
上衣下襬也是標示四等分記號點。

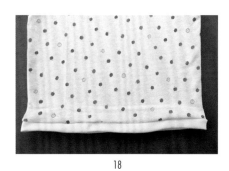

18
翻至正面。

16
上衣下襬和下襬布四等分點對齊，
下襬布縫份置於上衣後中心，正面
對正面，強力夾固定一圈。

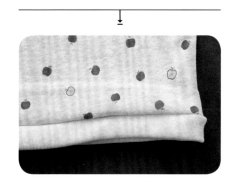

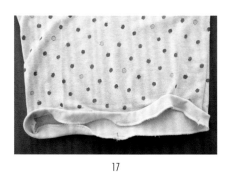

17
拷克機車縫。

19
噴少許水，用熨斗中高溫整燙袖
口、領口、下襬處，縫份皆倒向上
衣，完成。

# 休閒風短袖洋裝

P.236 · 型紙 D 面 · free size

## 學習重點

1.彈性布料領口袖口車縫技巧。

2.拷克機打褶壓腳的運用，請參考P.44。

3.運用薄布襯防止彈性布彈性變形。

4.本作品90%使用拷克機，10%使用裁縫車縫製。

### 版型裁布圖

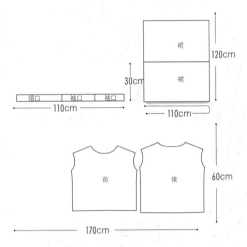

★紙型未標示裁布外加縫份處皆需外加0.7cm，其他用布則不外加。

★拷克機差動鈕設定在「1.5」，左右針皆使用，上下彎針使用伸縮尼龍線，卸裁刀（請參考P.34）。

### 裁縫的順序

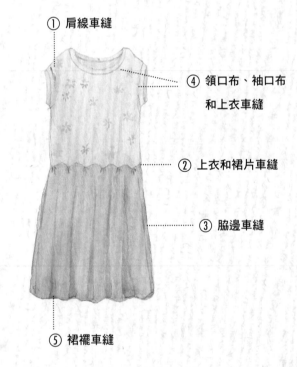

① 肩線車縫

④ 領口布、袖口布和上衣車縫

② 上衣和裙片車縫

③ 脇邊車縫

⑤ 裙襬車縫

| 適合布料材質 | 用布量 | 其他用布和材料（已含0.7cm縫份） |
|---|---|---|
| 彈性布 | 彈性布（170cm幅寬）2尺<br>羅紋布（110cm幅寬）1尺<br>素綿布（110cm幅寬）4尺<br>*本作品可隨需求調整：裙子和上衣長度。 | 領口羅紋布 48×5↕cm 一片<br>袖口羅紋布 30×5↕cm 兩片<br>裙片 110×52↕cm 兩片<br>薄布襯 少許 |

### ①─ 肩線車縫

1

後片背面在肩線處燙上薄布襯寬度 0.7cm，前後片正面對正面，強力夾 固定肩線，拷克機車縫肩線（請參考 P.239）。

### ②─ 上衣和裙片車縫

1

拷克機更換打褶壓腳，更換方法請 參考P.47，需使用裁刀，差動鈕設定 1.5，左右針都使用。（打褶壓腳的使用 方法，請參考P.44。）

2

上下彎針的張力調整在標準「5」。

**如何簡易改版型**

從前片和後片的中心線平行外加 或內減做1cm以內的微幅調整，記 得領口布也要隨著增減。

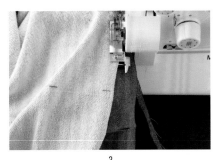

3

上衣和裙片記得都先標好中心記號點，以供縫製過程參考上衣和裙片的距離。

4

可以用夾子輔助，但須小心使用。

5

夾子可以用來輔助，當上衣已經往外（左）側偏離時，夾子可以將上衣往內（右）側夾。

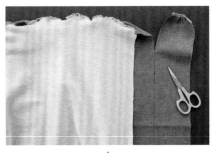

6

打褶壓腳是規律的輸送裙片，所以裙布的寬度尺寸可以多裁剪些，縫合完，再將多餘的剪去。

7

前後片相同方法。

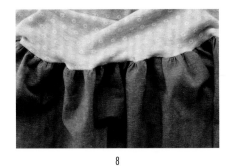

8

小碎褶。

9

縫份倒向上衣，使用一般裁縫車，車縫壓線0.2cm。

## ③─ 脇邊車縫

1

前後片正面對正面，強力夾固定從
袖口腋下至裙襬，前後的裙片車縫
線對齊（不可以用珠針）。

2

拷克機換回正常壓腳，左右針皆使
用，差動鈕設定「1.5」，卸裁刀。

3

車縫側邊。

## ④─ 領口布，袖口布和上衣
車縫 *請參考 P.248 短袖彈性衣

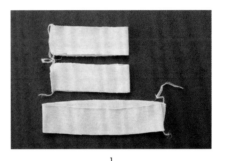

1

兩片袖口布和一片領口布各自長邊
對折，短邊拷克機車縫。

2

請參考 P.249，袖口布翻至正面短邊
對折成圈狀，和袖口正面對正面（袖
口縫合線在腋下），用強力夾固定。

3

拷克機車縫一圈。

4

另一個袖子和領子也是相同方法，
領子的縫合線在後中間。

## ⑤── 裙襬車縫

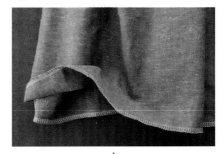

1

裙襬車布邊。

↓

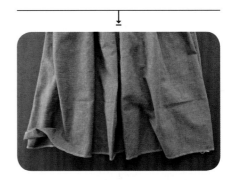

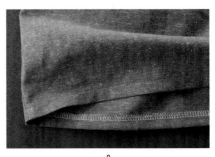

2

往內折2cm，離邊0.3cm車縫一圈，
完成。

Item 16

# 16

## 工作圍裙

how to make P.260

Item 16

# 工作圍裙

P.257 ・ 型紙 A 面・free size

### 學習重點

1.裙頭製作

2.利用布的正反面不同顏色，製作外口袋，更具變化性。

3.口袋側的織帶設計，可掛小毛巾。

### 版型裁布圖

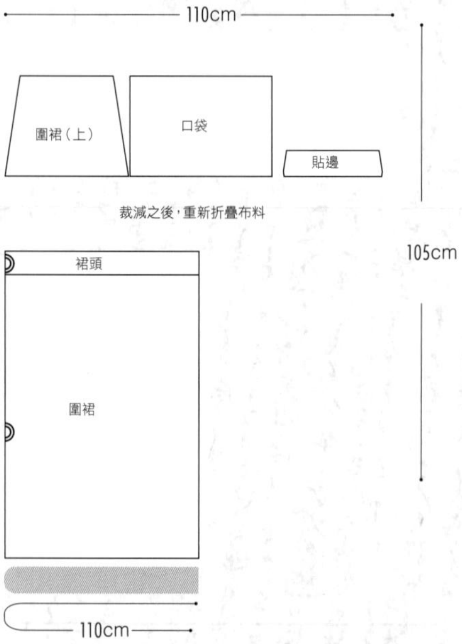

110cm
圍裙（上）
口袋
貼邊
裁減之後，重新折疊布料
105cm
裙頭
圍裙
110cm


★紙型皆已含縫份。

### 裁縫的順序

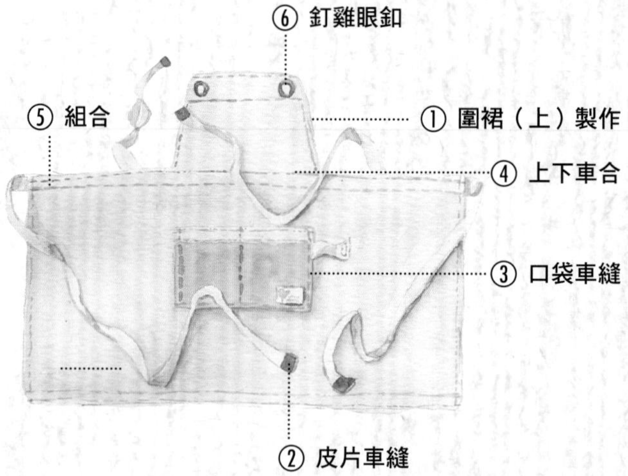

⑥ 釘雞眼釦
⑤ 組合
① 圍裙（上）製作
④ 上下車合
③ 口袋車縫
② 皮片車縫


| 適合布料材質 | 用布量（110cm幅寬） | 其他用布（已含1cm縫份） | |
|---|---|---|---|
| 亞麻、棉麻布或丹寧布 | 3.5尺（布無圖案方向性）<br>*本作品可隨需求調整：裙子長度、寬度、口袋大小和綁帶。 | 圍裙布 96×65↕cm 一片 | 圖案布標 一片 |
| | | 裙頭布 96×5↕cm 一片 | 文字布標 一片 |
| | | 口袋布 40×27↕cm 一片 | 雞眼釦（內徑1cm） 兩只 |
| | | 皮片 4*2.5cm 四片 | |
| | | 人字織帶 2cm寬×350cm 一條 | |

## ①— 圍裙（上）製作

1

文字織帶兩端往內折1cm，貼邊布中間位置車縫文字織帶兩端，可以當作收納掛耳用。

↓

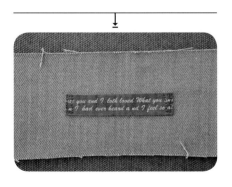

2

貼邊布和圍裙（上）正面對正面。

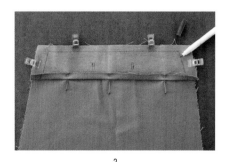

3

強力夾固定三邊，貼邊布下緣往上折1cm，記號筆劃出兩側邊的縫份為2cm，上緣縫份為1cm。

4

依照畫線，車縫三邊。

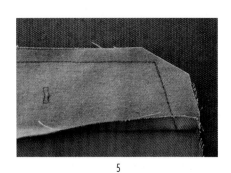

5

剪去角。

6

貼邊布的側邊也剪掉1cm。

7

貼邊布翻至背面，整燙。

8

兩側邊的縫份2cm，折兩次1cm。

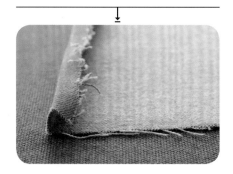

9

側邊離邊0.2cm車縫壓線。

10

貼邊布朝上，四邊也是離邊0.2cm車縫壓線。

## ②─ 織帶末端皮片車縫

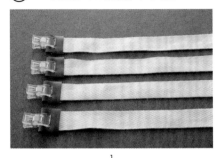

1

將350cm織帶分成80（肩），80（肩），88（綁），88（綁），14cm五條。

皮片長邊對折，兩條肩帶和兩條綁帶的一端都夾上皮片。

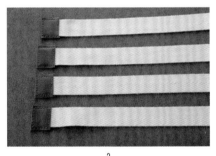

2

離邊0.2cm車縫皮片一圈。

Note

若不想加皮片，則用端點折兩褶車縫的方法。

## ③─ 口袋車縫

1

口袋除袋口外，其餘三邊車布邊。

2

取布的背面當口袋的正面，沒有車布邊的長邊當袋口，往內折1cm，再折2.5cm一折，珠針固定。

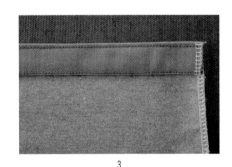

3

上下離邊0.2cm車縫壓線。

4

圖案布標兩端往內折1cm。

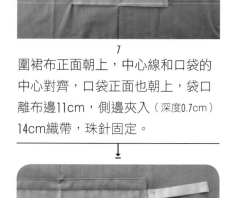

7

圍裙布正面朝上，中心線和口袋的
中心對齊，口袋正面也朝上，袋口
離布邊11cm，側邊夾入（深度0.7cm）
14cm織帶，珠針固定。

↓

5

布標置於口袋右下角離邊4cm，車
縫一圈。

6

口袋三邊往內折1cm。

8

車縫三邊,再離第一道車線0.7cm車
一道。

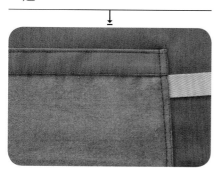

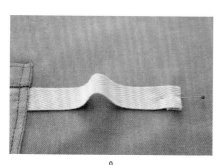

9

織帶的另一端折1cm,往外水平延
伸後,稍微再往內縮1.5cm(織帶微攏
起),珠針固定。

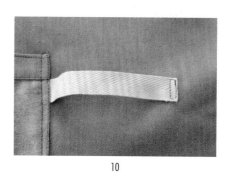

10

車縫。

11

口袋可隨自己使用習慣,車分隔
線。

## ④— 圍裙上下車合

1

圍裙上下正面對正面,兩者中心點
對齊。

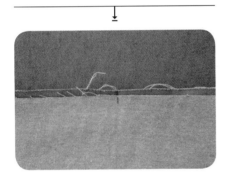

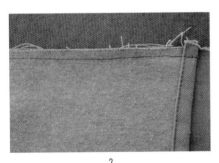

2

縫份0.7cm車縫固定。

## ⑤— 組合

1

肩帶離圍裙布側邊15cm,織帶多出
去0.7cm,增加耐用度。

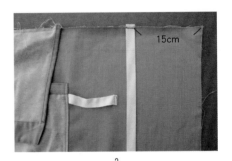

15cm

2

縫份0.7cm車縫。

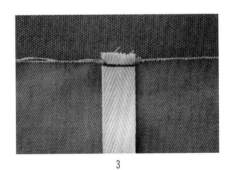

3

來回加強。

4
圍裙兩側邊折兩次1cm。

6
裙頭布和圍裙正面對正面。

5
離邊0.2cm車縫壓線。

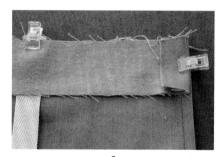

7
兩端都往上折2cm，強力夾固定。

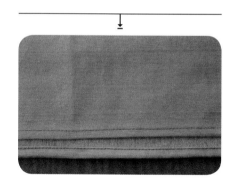

8
縫份1cm車縫。

9

織帶處可以來回加強。

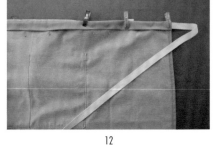

12

側邊夾入綁帶，深度2cm。

10

裙頭布下緣往上折1cm。

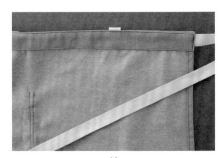

13

裙頭布朝上，離邊0.2cm，車縫壓線
四邊。

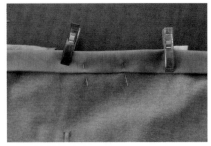

11

整個裙頭布再往內折入圍裙的背
面，長夾和珠針固定，圍裙上往上
攤平，以免車縫到。

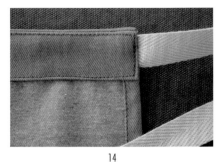

14

綁帶處來回加強。

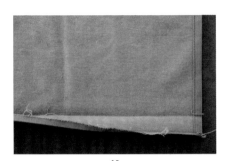

15
裙襬折一次1cm，再折2.5cm。

16
離邊0.2cm車縫壓線。

⑥— 釘雞眼釦

1
雞眼釦中心位置：離上緣和側邊皆
2.5cm。釘上雞眼釦，肩帶交叉，穿
過雞眼釦，末端打結，完成。

# 好想自己做衣服

超圖解手作衣裁縫課！1000張技巧詳解，簡單版型一點就通
【隨書附贈16件M、L原尺寸紙型】

| | |
|---|---|
| 作者 | 吳玉真 |
| 插畫 | 楊芷懿 |
| 攝影 | 王正毅 |
| 美術設計 | 瑞比特設計 |
| 社長 | 張淑貞 |
| 總編輯 | 許貝羚 |
| 行銷企劃 | 曾于珊、洪雅珊 |

國家圖書館出版品預行編目(CIP)資料

好想自己做衣服：超圖解手作衣
裁縫課！1000張技巧詳解，簡單版
型一點就通【隨書附贈16件M、L原
尺寸紙型】
  / 吳玉真著. -- 初版. -- 臺北市：麥
浩斯出版：家庭傳媒城邦分公司
發行, 2017.06
    面；　公分
  ISBN 978-986-408-292-6(平裝)

1.服裝設計 2.縫紉 3.衣飾

    423.2    106008986

發行人 何飛鵬 | 事業群總經理 李淑霞 | 出版城邦文化事業股份有限公司 麥浩斯出版 | 地址 104台北市民生東路二段141號8樓 | 電話 02-2500-7578 | 傳真 02-2500-1915 | 購書專線 0800-020-299 | 發行 英屬蓋曼群島商家庭傳媒股份有限公司城邦分公司 | 地址 104台北市民生東路二段141號2樓 | 電話 02-2500-0888 | 讀者服務電話 0800-020-299（9:30AM~12:00PM；01:30PM~05:00PM）| 讀者服務傳真 02-2517-0999 | 讀這服務信箱 csc@cite.com.tw | 劃撥帳號 19833516 | 戶名 英屬蓋曼群島商家庭傳媒股份有限公司城邦分公司 | 香港發行 城邦〈香港〉出版集團有限公司 | 地址 香港灣仔駱克道193號東超商業中心1樓 | 電話 852-2508-6231 | 傳真 852-2578-9337 | Email hkcite@biznetvigator.com | 馬新發行 城邦〈馬新〉出版集團Cite(M) Sdn Bhd | 地址 41, Jalan Radin Anum, Bandar Baru Sri Petaling,57000 Kuala Lumpur, Malaysia. | 電話 603-9057-8822 | 傳真 603-9057-6622

製版印刷 凱林印刷事業股份有限公司 | 總經銷 聯合發行股份有限公司 | 地址 新北市新店區寶橋路235巷6弄6號2樓 | 電話02-2917-8022 | 傳真02-2915-6275 | 版次 初版13刷2023年03月 | 定價 新台幣499元 / 港幣166元 | Printed in Taiwan 著作權所有 翻印必究（缺頁或破損請寄回更換）

旗艦電腦型縫紉機 HZL-DX7

電子型縫紉機 HZL-353ZR-A

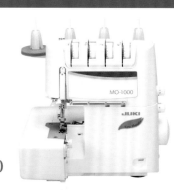

氣動式穿線四線拷克 MO-1000

# 精緻，只是本分。

世界工廠技藝的積累　追求的不僅止於實用